Inspiring and Beautiful Words

センスを磨く

刺激的で美しい言葉

山口路子

大和書房

センスを磨く　刺激的で美しい言葉

はじめに

ファッションを生涯のテーマ、仕事とした人たちはファッションそのものについて、美しさについて、どんな考えをもっていたのか。仕事に対してどんな姿勢で臨んでいたのか。

人は裸で生活しているわけではないので、肉体にまとう服が必要で、どんな服を選び、着るのか、その服が自分という人間を表現する上で重要になってきます。ヘアスタイル、メイクも同様、ふんわりとまとめて、「ファッション」と呼ばれるものです。

哲学者鷲田清一（わしだきよかず）の言葉があります。ファッションを考えるとき、たいせつにしている言葉です。

――ファッションは決してわたしたちの存在の「うわべ」なのではない。それは、魂のすべてではないけれど、単なる外装ではなく、むしろ魂の皮膚である。(『てつがくを着て、まちを歩こう』)

本書は、「魂の皮膚」を創造するファッションデザイナー、それを世の中に広めるファッション雑誌の編集者、ヘアデザイナー、メイクアップアーティストたちの言葉を集めた本。これまでの人生で心に響いた言葉をファッションというカテゴリーでまとめました。


私はファッションの専門家ではないけれど、ファッションには強い関心があるので、これまでに、わりと多くのファッション関係の本や映画にふれてきました。

そして、これは、と思った言葉をノートに書きとめてきました。

ファッションについて考えさせられる言葉、日々の生活に取り入れたいと思った言葉、仕事に注ぐ眼差しに胸うたれる言葉、創作についてはっとさせられる言葉、そして美しさについて想いをめぐらせたくなる言葉……。

専門的な内容のものではないので、ファッション業界とは遠いところにいても、日々を生きるなかで、言葉が言葉そのものとして命をもってうったえてくるような言葉です。

写真家のビル・カニンガムは言っています。

——センスは誰にでもある。ただ勇気がないんだ。

これはファッションについての言葉ですが「センスは誰にでもある」に私は注目します。

センス［sence］という英語は、名詞としては感覚、理解、意識といった意味をもち、動詞としては感じる、察知するといった意味をもちます。

もちろん生まれもったものも無視はできないけれど、ビル・カニンガムが言うように、誰にでもセンスはあるにはあるわけです。

その先、そのセンスを磨きたいか磨きたくないかという選択があって、磨きたいと思ったとき、たいせつになってくるのが「意識」なのだと私は考えます。意識するかしないか。

そういう意味で、本書には、仕事にしてもファッションにしても、意識せざるを得ない言葉があります。

自分のなかの可能性を感じられる言葉。
ファッションを通して自分自身と向き合いたくなる言葉。
仕事で途方に暮れるようなことがあったときの解決のヒントになる言葉。
どうしようもなく自信を失ってしまったとき慰めてくれる言葉。
明日からのファッションを変えたくなるような言葉。
なぜか不思議と勇気づけられる言葉。

興味をもった人や言葉があったなら、その先に続く本や映画の情報も入れたので、好奇心の枝葉を広げるきっかけにもなるかと思います。

また、共感してもしなくても、一流の人たちならではの説得力はたしかにあります。そして彼らの苦しみや喜びといった体験のなかから生まれた言葉は、愛しく、そしてやはり美しいと私は思います。

本書が読者の方にさまざまな色彩の刺激をもたらせたなら嬉しいです。

ダイアナ・ヴリーランド

Diana Vreeland

自分で磨かなきゃダメなのよ。
肌もポーズも歩き方も。
そして、興味の対象も教養も。

『センスを磨く　刺激的で美しい言葉』contents

1 ✦ 仕事

——はじめたきっかけ、続ける理由、たいせつにしていること

2 ✦ ファッション

——センス、美しさ、そして自分らしさとは

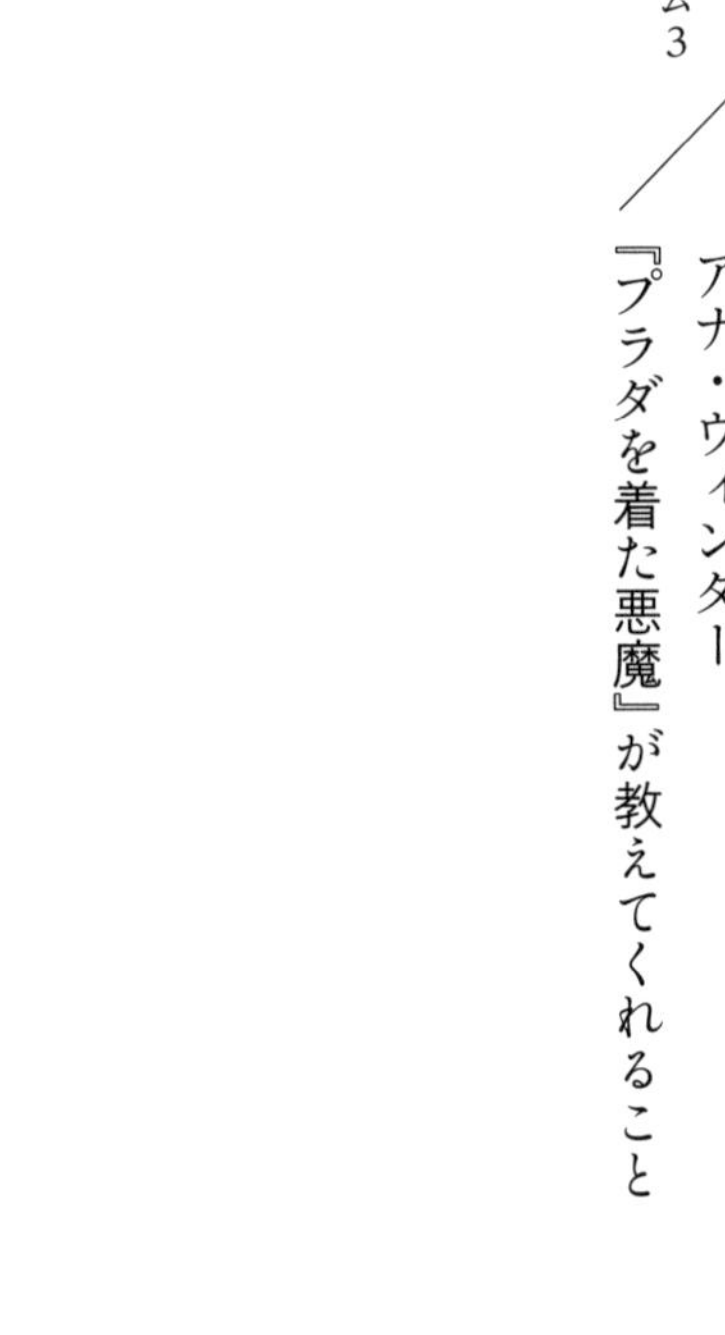

＊注　引用した文章については、理解しやすいように私訳したものもあります。

1 ✦ 仕事

――はじめたきっかけ、続ける理由、たいせつにしていること

仕事No. 1/25

なぜやらないの？　やってみたらいいのに

ある夜、踊っていたら声をかけられたの。
「おしゃれね、仕事しない？」って。
「働いた経験がないし、
昼食まで身支度もしません」って答えたら、
「でも服に詳しそうよ。
WHY DON'T YOU?（やってみたら？）」
って言われたのよ。

ダイアナ・ヴリーランド

✦

ファッション雑誌編集者

「伝説のファッショニスタ」として名高い雑誌編集者ダイアナ・ヴリーランド、彼女が「仕事」との運命的な出合いについて語った言葉です。

パリの裕福な家庭に生まれ、結婚後も何不自由なく暮らしていたとき、とあるパーティーでファッション雑誌『ハーパーズ バザー』の編集長に声をかけられます。その着こなしに光るものがあったのでしょう。ダイアナ三十四歳のときのことです。

歴史に名を残した超有名な雑誌編集者が、自らの「私はこの仕事をしたい」という意思ではなく、ほかの誰かからの言葉、しかも軽めの勧めの言葉がきっかけで仕事を始めたというので

✦

ダイアナ・ヴリーランド
Diana Vreeland

ファッション雑誌編集者
1903-1989

オードリー・ヘップバーン主演の華やかな映画『パリの恋人』(1957)。パリのファッション業界を舞台にした映画『ポリー・マグー　お前は誰だ』(1966)。この二つの映画に登場する強烈な個性を放つ雑誌編集

す。もちろんそのときの彼女が人生にどこか物足りなさを感じていたこともあったかもしれない。けれど、やってみたらいいのに、という、正式なオファーなどではなく、華やかなパーティー会場にふわりと舞ったかのような声に反応したことがユニークです。

何かを成す人のなかには、こういうタイプの人もいるということです。

ダイアナの伝説のコラムというものがあって、毎号雑誌に掲載されたのですが、そのタイトルが「WHY DON'T YOU?」。既成概念にとらわれない、おもにおしゃれに関する提案を綴ったものですが、ダイアナにとってもよほどインパクトのある言葉だったことがわかります。

✦

長のモデルはダイアナです。

ドキュメンタリー映画『ダイアナ・ヴリーランド伝説のファッショニスタ』には、彼女の魅力が存分に描かれていて、ファッションという枠組みを超えたダイアナの仕事、表現力に圧倒されます。

出典

映画
『ダイアナ・ヴリーランド
伝説のファッショニスタ』
2011

仕事 No. 2/25

一緒に食事をしたい人としか組まない

ぼくと一緒に働くことになった人や、
ぼくにアドバイスを求めてくる人みんなに
話しているんだけど、
リスペクトしている友人がいてね、
彼女は自分が一緒に
食事をしたいと思う人間だけを雇うんだ。
これまでいろいろな人から
いろいろなことを教えてもらったけど、
あれに勝る教訓はないね。

トム・フォード

✦

ファッションデザイナー

一九九〇年代に「グッチ」を再生させたことで知られるトム・フォードの言葉です。

　リスペクトしている友人とはドーン・メローのことで、彼女はトム・フォードを「グッチ」に起用したデザイナーであり実業家です。そのドーンとトム。ふたりが教訓としていることなので、やはり気になります。

　トム・フォードは「雇う」と言っているけれど、「雇う」よりも「組む」ほうが身近なので「組む」として解釈します。

　それから「食事をしたいと思う人」とはどういう人だろう、と考えます。口は粘膜だから粘膜を見せ合ってもいいと思える人なのだろうか、あるいは、食事をしたときに予想されるそ

✦

トム・フォード
Tom Ford

ファッションデザイナー
1961-

　一九九四年に三十三歳で「グッチ」のクリエイティブ・ディレクターに就任し、瀕死のブランドを蘇らせました。グッチといえば映画『ハウス・オブ・グッチ』（２０２１）が話題となりましたが、身近な人た

の人のマナー、食事の好みによくあらわれるその人の好き嫌いの程度などを想像してみて、ということなのだろうか……。

いろいろ深読みはできるけれど、おそらくここではもっと感覚的なことを言っているのでしょう。

食事の場に期待することは人それぞれなので、それぞれの感覚で食事したい、したくないを考えればいい。

その人と食事をする場面を想像して、食事をしたいと思うか思わないか。迷ったときには、これを指針に決めるというのも一考です。

✦

ちがモデルとなっている映画について、アメリカのデジタルマガジン「AIR MAIL」に寄稿。残念な想いを語りましたが、「数日間は深い悲しみのなかにあった」と自分自身の感情で表現していること、賞賛すべきことは賞賛していることに彼の品性があらわれています。

出典
『ファッション・アイコン・インタヴューズ　ファーン・マリスが聞く、ファッション・ビジネスの成功　光と影』
ファーン・マリス：著
桜井真砂美：訳
DU BOOKS　2017

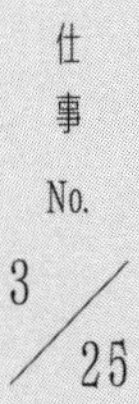

インスピレーションからスピリットを抽出する

誰もがいたるところから
インスピレーションを得ているわけだけれど、
そのまま真似したのでは
独創性などはない。
スピリットを取り入れることです。
そうしたときはじめて、
真似ではない自分だけのものが生まれる。

トム・フォード

✦

ファッションデザイナー

どんな分野であれ、表現者はいつだって、さまざまなところからインスピレーションを得て、そこから自分の作品を生み出しているわけです。

乱暴にいえば、過去の人たちや現代の人たちがつくったものを真似しているわけで、真似したものをそのまま作品として出してしまっている人たちもいるけれど、それではもちろん話にならなくて、自分だけのものをつくらなければいけない。

では、ただの真似とそうでないものの違いは何か。

「スピリット」を彼は使っています。精神、心、本質、という意味をもつ言葉です。

✦

トム・フォード
Tom Ford

ファッションデザイナー
1961-

映画監督としても知られるトム・フォード。
初の長編映画『シングルマン』(2009)は、かなしい人間の孤独、そして絶望がしずかに描かれていて、監督の慈しみのまなざしが胸にしみます。長編

インスピレーションを得る。

自分はなぜ、それに反応したのかを考える。

そしてその本質を自分なりに見出す。

本質なので見たままのカタチではないはずです。そのカタチのないものを自分のなかにいったん取り入れ、熟成させて、まったく別のカタチの、自分でなければ生み出せないものを生む。

そこに独創性がある。

創作について忘れてはならない、たいせつなスピリットがあります。

✦

二作目の『ノクターナル・アニマルズ』（２０１６）は深い読みがどこまでもできるサスペンス、引きこまれながらも人と人との関わりについて考えさせられます。二作とも、衣装からインテリア、小物、すべてに宿る彼の美意識が素晴らしいです。

出典
『ファッション・アイコン・インタヴューズ　ファーン・マリスが聞く、ファッション・ビジネスの成功　光と影』
ファーン・マリス：著
桜井真砂美：訳
DU BOOKS　2017

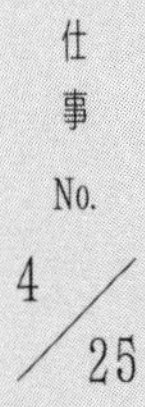

真似されることは作品が素晴らしいことの証

時代の空気をいち早くつかまえるのが
デザイナーの役目だとしたら、
他の人たちが同じことをしたって
不思議ではない。
私がパリに漂い、散らばっているアイディアに
インスピレーションを得たように、
他の人が私のアイディアに
インスピレーションを得ることもあるだろう。
作品をコピーされることは
賞賛と愛を受け取ることなのだ。

ココ・シャネル

✦

ファッションデザイナー

ココ・シャネルのインスピレーションとコピーについての言葉です。

インスピレーションを与える側、コピー（真似）される側のシャネルはいわゆる「コピー問題」はナンセンス、という考えで、他のデザイナーたちが意匠権（著作権の服版）を守ろうと動いているとき、同調せず反感を買いました。

有名文学者の名を挙げて、彼らは自分の作品が授業で使われたからといって「コピーされた」と訴えたりはしないと言い、素晴らしいからコピーされるのだ、コピーされることは賞賛と愛を受けることに等しい、そう言ったのです。

インスピレーションを得ることと、そのまま真似することとは前出のトム・フォードのところ

✦

ココ・シャネル
Coco Chanel

ファッションデザイナー
1883-1971

孤児院から人生をはじめ、たったひとりで「シャネル帝国」を築き上げ、「働く女性の先駆者」として二十世紀に深い刻印を残したシャネル。

亡くなったのは住居としていたホテル・リッツで、クロー

で述べたように、まったく違います。だからインスピレーションを得た側は、そこのところを胸に刻まなければならない。そしてコピー（真似）される側は、割り切る必要があるのでしょう。自分の作品を世の中に出すということは、そういうことなのだと。

ほんとうにそのまま真似したようなものを見ると穏やかではいられないけれど、誰かの仕事をそのまま真似したと明らかにわかる作品を世に出すプライドのない人のことは憐れんで、それ以上は気にかけないことです。むしろ賞賛と愛をもらったと喜んで、次の作品の創造のエネルギーにする、くらいに構えていたいものです。難しいけれど。

✦

ゼットにはシャネルスーツが二着かかっているだけでした。

「シャネルスーツ」は「リトルブラックドレス」と合わせて、もっとも堂々とコピーされたアイテム。そしてもちろんシャネルはそのことを楽しんでいました。

出典

『獅子座の女シャネル』
ポール・モラン：著
秦早穂子：訳
文化出版局
1977

仕事のためには、すべてを犠牲にした。
恋でさえ犠牲にした。
仕事は私の命をむさぼり食った。

ココ・シャネル
Coco Chanel

私は人を判断するのに
お金の使い方で見分けることにしている。

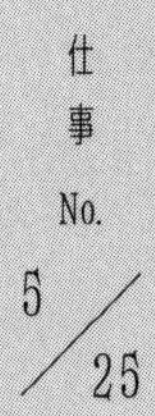

移動のときに眠ってはいけない

有名な写真家の
ノーマン・パーキンソンと
仕事をしたときにね、
彼が言ったの。
「いつも目を開けていろ。
移動のときに眠るな。
目に映るあらゆるものが
インスピレーションを与えてくれる」

グレース・コディントン

✦

ファッション雑誌編集者

アメリカ版『ヴォーグ』の編集現場を取材したドキュメンタリー映画『ファッションが教えてくれること』のなかでグレース・コディントンが言った言葉です。

当時彼女は六十八歳。この映画でカリスマ編集者アナ・ウィンターに対して唯一対等で堂々と意見を交わす揺るぎない美意識のもち主グレースに魅せられた人がたくさんいて、彼女は一躍有名人になりました。

ふわりと広がった赤毛がトレードマークのグレース、彼女がパリの街中を車で移動中、流れる窓外の景色をうっとりと眺めながら写真家ノーマン・パーキンソンからの教えを語るのですが、そのときのグレースの過去への郷愁を感

✦

グレース・コディントン
Grace Coddington

ファッション雑誌編集者
1941-

グレースの自伝『グレース ファッションが教えてくれたこと』にグレース七十歳の誕生日のエピソードがあります。

グレースが感動したのはアナ・ウィンターのスピーチ。要約します。

じさせるまなざしがあまりにも優しく美しくて胸に響きました。

そのまなざしに映る窓外の景色はどんなだろうと想像して、きっと彼女にしか見えないものがたくさんあるに違いない、と思うのは、長い年月、意識し続けることによって審美眼はたしかに磨かれると思うからです。

移動の時間をぼんやりと過ごす人とグレースのように過ごす人との間には、過ごした年月分だけ差も広がるのではないか。そんなことを考えると移動中の意識のもち方も変わってくるように思います。

✦

「私にとって、美の案内役であるあなたは雑誌の心であり魂であり、守護者であり門番です。長い年月、あなたがいたおかげで私は毎日ワクワクしながら出社することができたのです」

ふだんは手厳しいアナからの尊敬と友愛に満ちた言葉は意外で、だからこその感動でした。

出典

映画
『ファッションが
教えてくれること』
2009

コラム 1

ロマンティックな夢の世界に連れてゆきたい

私は今でも夢を紡ぎ、ありとあらゆる場所にインスピレーションを求め、デジタルではなく現実世界でのロマンスを探し続けている。

——グレース・コディントン

グレース・コディントン、彼女が七十二歳のときに出版された分厚い自伝『グレース ファッションが教えてくれたこと』は、半世紀ものあいだファッション界で活躍し続けてきたひとりの人間が出逢った人たち、彼らとした仕事のことがユーモアたっぷり、軽快に語られています。

グレースはモデル出身で、けれど交通事故で怪我をしたことからモデルを引退、ファッション雑誌編集者となるのですが、このモデル時代に、当時脚光を浴びつつあったヴィダル・サスーンのカットモデルとなっていて、美しい写真で歴史にその姿を残しています。

また若かりし日にカトリーヌ・ドヌーヴの姉フランソワーズ・ドルレアックとグレースの恋人が恋愛関係にあった私的なエピソードなども綴られています。

膨大で豊かな内容の自伝ですが、私が強く惹かれたのが次の一節です。

わたしにとって、ファッションは次の二つのカテゴリのうちどちらかに当てはまるものである。即座に魅力を感じて着たいと思わせるようなものか、着たいとは思わないがファッションに新たな潮流をもたらすものであるか。

このような理由から、わたしは《コムデギャルソン》が好きなのだ。

デザイナーである川久保玲が考え出すものはどれも魅力的だと思う。彼女の服を見ると、どうしてこんなことを思いついたのだろうとか、特定の政治的立場をどうやってこんなドレスで表現することができたのだろうと感じてしまうことがよくある。

彼女はまた「ブロークン・ブライド」コレクションのように、どきりとするほど美しいものをつくり出すこともできるのだ。

このショーのあとでバックステージを訪れたとき、わたしは泣いていた。体の線を歪める奇妙な詰め物入りの服という実験的な数年感を経たのちに、これほどまでに受け入れやすいロマンティシズムを打ち出してくるなんて。

ファッション・ショーなんて、もう日常的になっているはずなのに、美しいショーに胸うたれて泣いているグレースという人のことがとても愛しくなります。

ただ単に美しい、ではなく、川久保玲というデザイナーの仕事をきちんと見続けてきていて、その上で泣いているということ。

自伝を出版したときのグレース（右）。アナ・ウィンター（左）と

そしてグレースが創り出す雑誌のページはとても大胆でドラマティック、そしてロマンティックなのですが、このような感受性をたたえたひとだからこそなのだ、と深く胸におちるものがあります。

デジタル技術で「本来の被写体の頭を代役の肩の上にはめ込むだけで画を完成させることができた」のをはじめて目の当たりにしたときのことを「信じられないくらい衝撃的な出来事だった」と語るグレース、思うことは多いのでしょう。

けれど本の終わりは次のように結ばれています。

しかし人生はずっと同じというわけにはいかないことをわたしは長年の経験から学んできたし、悲観してばかりいるのもよろしくない。

わたしにとって仕事上最も重要なのは、夢を見られるようなものをつくり出すということ。ずっと以前、子どもの頃のわたしが美しい写真を見ることで夢の世界へ旅立っていけたのとちょうど同じように。

私は今でも夢を紡ぎ、ありとあらゆる場所にインスピレーションを求め、デジタルではなく現実世界でのロマンスを探し続けている。
一つ確かなのは、わたしがファッションの仕事を続ける限り、どんなときもその頭はしっかりと体にくっついているということだ。

ラストの一文、デジタル技術で頭をすげかえることへの痛烈な皮肉とそれをつつむユーモア、グレースの魅力のひとつがここにあります。

仕事No. 6/25

自分であろうとするのは正しい

地元を脱出したかった。
深い考えもなく、
子どもの考えとして、
そうすべきだと直感していた。
自分であろうとするのは正しい。

ケヴィン・オークイン

✦

メイクアップアーティスト

ドキュメンタリー映画『メイクアップ・アーティスト：ケヴィン・オークイン・ストーリー』は、一世を風靡した彼の革命的な技術、交友関係、人生の陰の部分が鮮やかに描き出されています。

華やかでありながらナイフのエッジを渡るような生き方に胸がキリキリと痛みっぱなしのストーリー、紹介した言葉は彼が子ども時代を回想するシーンにあります。

彼の故郷ルイジアナ州の小さな町は「女らしさ」「男らしさ」が尊ばれる保守的な土地柄で、彼は同性愛者差別のイジメにあう日々を過ごします。

つらい日々、彼は自分が自分でいられる時間

✦

ケヴィン・オークイン
Kevyn Aucoin

メイクアップアーティスト
1962-2002

九〇年代に細い眉やリップライナーを流行させ、「コントゥアリング（立体感を出すメイク術）」を広めて歴史にその名を刻んだケヴィン・オークイン。

映画のなか、次の言葉も印象的でした。

……それは彼にとっては妹にメイクをして写真に撮るという時間でしたが、そういう時間を自ら創り出し、やがてその道を生かす場としてニューヨークに移り住み、才能を開花させるのです。

「自分であろうとするのは正しい」

彼はこの言葉を穏やかに語ります。

胸がしめつけられるようになったのは、この言葉のなかに、自分であろうとすることは正しいけれど決して簡単なことではない、という彼の苦しみの経験を見たからです。おしつぶされなかった強さもまた。

だからかなしく、けれどとてもきらめいて美しく響いてきます。

✦

――内面は目に見えない。鼻や唇や目ではなく、魂が宿る部分だ。誰かの内面にふれて引き出そうとするとき、人は自分の得意な分野で試みようとする。僕の場合、それが「美」だ。――

出典

映画
『メイクアップ・
アーティスト：
ケヴィン・オークイン・
ストーリー』
2017

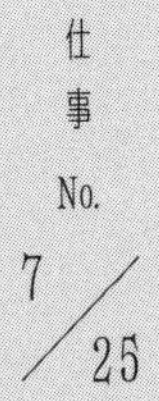

最高の経験はその人の美しさを見つけること

僕にとって人と分かち合う最高の経験は
その人の美しさを見つけること。
人の美しさから自分の美しさが見えてくる。
個性や強さ、美しさがわかってくる。
誰もが自分自身の美しさを
探しているのだと思う。
他人に目を向けたほうが
美しさは見つけやすい。
見つかるなら僕はどんな道を選んでもいい。

ケヴィン・オークイン

✦

メイクアップアーティスト

誰かと時間を共有するとき、最高の経験はその人の美しさを見つけることであり、そのことによって自分自身の美しさも見えてくる。

彼が美しさに魅せられ、それを探求し続けている理由、彼がメイクアップに魅せられた理由が表れていますが、メイクに限らず、人と人との関係において何かとてもたいせつなものがここにあるように思います。

彼の魔法のようなメイクは多くのスーパーモデルや女優たちを虜(とりこ)にしました。何がそんなに魅力的だったのか。映画のなかで女優イザベラ・ロッセリーニは瞳を輝かせて言っています。「彼のメイクは単純に美しいだけじゃない。生きることへの欲望、好奇心と愛なの」。

✦

ケヴィン・オークイン
Kevyn Aucoin

メイクアップアーティスト
1962-2002

性差を超えるメイク、年齢を重ねた女性の美しさを引き出すメイクなどで時代に刺激を与え続けました。「多様性」をたいせつにし「美の固定観念」を変えようとしていたのです。

メイク本はベストセラーにな

また女優ブルック・シールズは彼のメイクによって男性に変身、その姿に息をのんだ体験を「奇跡のようだった」と語り「美と創造に対する彼の愛に影響されてみんなが何かに挑戦したくなった」と彼の魅力を表現しています。

ふたりとも「美」と「愛」という言葉を使っています。

遊びでも仕事でも誰かと時間を共有するとき、相手のなかの美を探り、その人自身も知らない美しさを引き出そうとする姿勢が、人々を魅了し、刺激を与える。そしてそれは「愛」にも通ずる。彼の姿はそんなことを伝えているように思います。

✦

り、ドラマ『セックス・アンド・ザ・シティ』シーズン4「素顔のままで」のエピソードにカメオ出演するなど、自らスターとして輝かしく活躍していましたが、病のため服用していたオピオイド（麻薬性鎮痛薬）中毒のため四十歳で急逝しました。

出典

映画
『メイクアップ・アーティスト：ケヴィン・オークイン・ストーリー』
2017

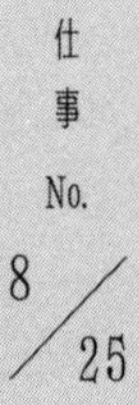

醜悪さも極めればクール

醜悪さは極めればクールだ。
とことんやるよ。
中途半端じゃ石を投げつけられる。

マーク・ジェイコブス

✦

ファッションデザイナー

この言葉はドキュメンタリー映画『マーク・ジェイコブス&ルイ・ヴィトン　モード界の革命児』にあります。コレクションの準備中「崩せ」「壊せ」と何度も言っていることも印象的でした。

醜悪さは極めればクール。中途半端じゃ石を投げられる。

この場合の「醜悪」とは、常識から外れることを言うのでしょう。彼の言葉と合わせれば常識を崩せ、常識を壊せ、としてもよいかもしれません。

けれどその場合、中途半端がもっともいけない。

ファッションにしてもたとえば、常識からす

✦

マーク・ジェイコブス
Marc Jacobs

ファッションデザイナー
1963-

一九九〇年代に「グランジ」と呼ばれる着崩したスタイルで一大旋風を巻き起こし、三十一歳の誕生日に自身の名を冠したブランドでNYコレクションに参加、超有名なトップモデルたちがノーギャラで出演して大き

ればありえない組み合わせや、下着を見せることなども、それを大胆に、思いきってすること。

これはファッションに限らず、なにか常識に挑みたいとき、それを崩したり壊したりしたいとき、**選択肢は二つ、するかしないか、**だと思わされます。

するなら徹底的に。中途半端ならしないほうがよいということです。

「天才」と呼ばれるデザイナーが、それこそ常識では考えられない発想で生み出したドレスやバッグ。それらを目にしたら、ちょっと極端だけれど思わずにはいられません。「醜悪さも極めれば美」なのだと。

✦

な話題となりました。

老舗トランクメーカーだった「ルイ・ヴィトン」をトータルアパレルブランドへと華麗に転身させた仕事でも知られています。現代アーティストの村上隆や草間彌生とのコラボレーションも話題となりました。

出典

映画
『マーク・ジェイコブス&
ルイ・ヴィトン
モード界の革命児』
2007

仕事 No. 9/25

自分を信じられないときは自分を信じてくれる人たちを信じる

自分を信じられなくなったら、
自分を信じてくれる人たちに
目を向けることが大事なんだ。

マーク・ジェイコブス

✦

ファッションデザイナー

ドキュメンタリーから浮かび上がるマーク・ジェイコブスというひとはとても脆く繊細なところがあるので、きっと彼は「自分なんて信じられない」と頭をかかえるようなときが多いのだろうと想像するのですが、そのたびに自分を信じてくれる人たちの存在を意識して、乗り越えてきたのでしょう。

前に紹介したドキュメンタリーで、この言葉に関連したことを彼は語っています。

――芸術家は生き方や存在そのものが創造的で美しい。彼らは純粋だよね……アートは最上にありファッションは最下層にあると思う。だから芸術家の仕事と比べたら自分の仕事など価値がない、と自信をなくすこともある。けれど

✦

マーク・ジェイコブス
Marc Jacobs

ファッションデザイナー
1963-

ドキュメンタリー映画『マーク・ジェイコブス&ルイ・ヴィトン　モード界の革命児』には彼が草間彌生のアトリエを訪問するようすもあり、はっとさせられる会話があります。
マーク＝僕にとってアートと仕

そんなときは尊敬する画家のエリザベス・ペイトンに言われたことを思い出す。「あなたの仕事は挑戦的で大きな意義がある」と彼女は言ってくれて、この言葉がいつも自分を励ましてくれる――

よほどの自信家でないかぎり、その振り幅は違っても人は自分に自信がある、ない、の間を揺れ動いているのでしょう。

自分に自信がないときは、自分のなかに力を求めずに、少しだけ顔をあげて周囲を見渡して「自分を信じてくれる人たち」の存在に力を求めてみることで、乗り越えられることもあるのだと思います。

✦

事と生きることは同義です。草間＝アートがなければ私の人生は無です。

マーク＝成功とは好きなことを続けられることだと思います。

互いに「よい仕事をたくさんしてね、続けてね」と激励しあって何度も握手をして別れる姿も心に残ります。

出典
映画『マーク・ジェイコブス＆ルイ・ヴィトン　モード界の革命児』2007
『ファッション・アイコン・インタヴューズ　ファーン・マリスが聞く、ファッション・ビジネスの成功　光と影』ファーン・マリス：著　桜井真砂美：訳　DU BOOKS　2017

仕事 No. 10/25

自分自身にさえどう思われてもいい

他人、そして自分自身にさえ
どう思われてもいい。
心の奥深い闇から
恐ろしいものを引き出して
ランウェイに乗せるんだ。

アレキサンダー・マックイーン

✦

ファッションデザイナー

アレキサンダー・マックイーン
Alexander McQUEEN

ファッションデザイナー
1969-2010

デヴィッド・ボウイ、レディー・ガガ、ビョークといった尖った感性をもつアーティストたちから熱烈に支持され、死後十年以上が経っても「好きなデザイナー」「尊敬するデザイナー」の上位にランクインする

✦

ファッション界に爆弾を投げいれるような作品を発表し続け、大成功のなか四十歳という若さで自ら命を絶ったマックイーンの言葉です。『マックイーン：モードの反逆児』という素晴らしいドキュメンタリー映画の冒頭にこの言葉はあります。

「他人にどう思われてもいい」なら、わかります。他人のことは気にするな、他人にどう思われるかなんて考えるな、といったことは多くの人が言っているからです。

けれど「自分自身にさえどう思われてもいい」とは。ここにマックイーンという人の創作の核があるように思って、どきりとします。

続く「心の奥深い闇から恐ろしいものを引き

出して」にいたっては、いわゆるファッションデザイナーという肩書きからイメージする像をはるかに超えています。そうして表現したものは「服」なのですから。そして「着る人を美しくしたい」でも「着る人に勇気を与えたい」でもなく、ただひたすらに自分自身の内面を表現した作品が多くの人を魅了するのはなぜかと考えれば、そこに誰もがかかえているものが表れているからだと思うのです。

何かを表現するとき、その動機が「誰かのために」ではなく「自分のなかから生まれるものを表現したい」であったなら「他人」だけではなく「自分自身にさえ」どう思われてもいい、くらいの覚悟が必要だとつよく感じます。

✦

マックイーン。

ドキュメンタリーに映し出された彼は、傷つきやすく反抗的で、狂的な才能をもつ「少年」。この才能でこの世界でこのスピードで生きていたら四十年が限界だったのかもしれない、と思わされる実に濃密な人生です。

出典

映画
『マックイーン：
モードの反逆児』
2018

コラム 2

『マックイーン：モードの反逆児』の衝撃

服は美しい物だが外には現実がある。現実に目をふさぎ、世界は楽しいと思う人に現実を伝えたい。

――アレキサンダー・マックイーン

生前のプライベート映像、家族、彼と親しかった人たちのインタビューを通してマックイーンという人の人生に寄り添う、珠玉のドキュメンタリーです。友人でもあった音楽家マイケル・ナイマンの煽情的なしらべが、まるでマックイーンの欲望や嘆きそのもののようで、胸にせまります。

いくつかの代表的なコレクションも紹介されていますが、それは、マックイーンのショーを観たあとではどんなショーも色褪せる、と言われるのも納得の、も

はやファッションショーというより演劇です。

なかでも私が息をのんで、胸をうたれたのは１９９９年春夏コレクション。ショーのラスト、真っ白なドレスをまとったモデルが回転する床の上でゆっくりとまわります。これがラスト、と思わせるから観客もそんな拍手を送ります。けれど終わりではない。やがてモデルの白いドレスに、二体のロボットがしなやかな動きでスプレーペイントを施し始めるのです。

舞台袖でそのようすを観ていたマックイーンは、とんでもないものを見た、といった表情で、両手をあげて頭を抱えます。ショーの直後、興奮冷めやらぬなか、インタビューに答えて言っています。

「ロボットに意思があるように思えた。自分のショーに圧倒されたのは初めてだ。最後の演出は今でも衝撃が走る。初めてショーで泣いた」

自分のコレクションを観た人たちに感情的な何かを与えたい、観た人たちが「日曜日にランチをした後のような気分」になったら失敗で「嫌悪感でもいいし、ワクワクした気分でもいい、とにかく何らかの感情が起こって欲しい」と言っていますが、デザイナー本人が、圧倒されて泣いたシーンは、ほんとうに、ファッションショーという枠組みをすっかり超えていて、心奪われます。

強烈な驚きのあとに強烈な感動がやってきて、そしてそれがあまりにも美しくて、何度も観返しているけれど、何度観ても、胸うたれ、涙があふれるのです。

「仕事や人生をかなしく想うこともある。かなしいけど、恨んだりはしていない。でも、僕は引き時を知っている」と語ったマックイーン。

彼が自ら命を絶ったのは、愛する母親の葬儀の前日、四十一歳の誕生日をおよそひと月後に控えた二〇一〇年二月十一日のことでした。

仕事 No. 11/25

「避けたい方向」だけは明確にあった

初日の客は三人だけ。
商売は甘くないね。
でも私はそのとき決心した。
美容の世界でやっていくなら
変化を起こしたい。
明確な構想はなかったが、
避けたい方向ははっきりと分かっていた。

ヴィダル・サスーン

✦

ヘアドレッサー

美容業界に革命を起こしたヴィダル・サスーン。新しいヘアスタイルを考案したと思っても、すでにサスーンがやってしまっている、と言われるほどの人。美容業界のピカソとでも言えましょう。

そんな彼が仕事を始めたころを振り返って語った言葉です。

サスーン以前は、お釜型のドライヤーを頭に被せてセットして、そのセットが崩れないようにスプレーで固め、一週間もたせる、というヘアスタイルが一般的でした。

サスーンはそれを拒否、その人の骨格に合ったデザインでカットし、髪を乾かすだけで決まるスタイルを模索していたのです。

✦

ヴィダル・サスーン
Vidal Sassoon

ヘアドレッサー
1928-2012

「ミニの女王」として若い女性のファッションを変えたマリー・クワントとのコラボレーションが有名です。

マリーは言っています。「サスーンは女性たちを解放した。彼が考案したシンプルなヘアス

いわゆる「サスーンカット」ですが、これだ、と思えるまで九年かかった、と言っています。

その間に停滞期は何度もあり、そのたびに「時間の浪費だと落ちこむ」こともあったけれど、それでも探究を続けた。

軸となったのは「避けたい方向」に行かないことでした。

やりたいこと、創りたいものが明確にある場合もあります。けれどそうではないとき、「避けたい方向」をつよく意識し続けることで、新しいものが生み出せることもまたあるということです。

✦

タイルのおかげで、のびのびと海で泳ぎ、オープンカーでドライブし、雨の中を歩けるようになった。髪がぬれたり汚れたりしても、水道の水でさっと洗い、頭をふれば、すぐに形が整う」「サスーンとピルとミニスカートがすべてを変えた」と。

出典

映画
『ヴィダル・サスーン』
2010

仕事 No. 12/25

存在しない喜びで人を魅了することなどできない

創作するときはいつもそうだ。
まず自分の喜びを考える。
存在しない喜びで
客を魅了することはできない。
喜びが存在してこそ伝わるんだ。
最初に思い浮かべる客も自分自身。
自分が魅了されなければその先はない。

クリスチャン・ルブタン

✦

ファッションデザイナー

パリのカルチャースポット「クレイジーホース」で上演された伝説のステージを映像化した『ファイアbyルブタン』は、ルブタンの語りに導かれてショーを観るという構成。

美しいハイヒールで世界を魅了するデザイナーは、脚やシューズについて雄弁に語りますが、彼が創作について語った言葉でふかく胸に響くのが紹介した言葉です。

観客のため、読者のため、顧客のため、といった伝える先の人たちではなく、まずは自分自身を魅了すること。

多くの人が、そのはじまりは「まさにその通り」と当然のようにうなずくとしても、経験を積むなかで、知らず知らずのうちに、そこから

✦

クリスチャン・ルブタン
Christian Louboutin

ファッションデザイナー
1964-

「レッドソール」（いわゆる靴の裏側、地面に着く部分とヒールの裏側が深紅）で知られるシューズデザイナーです。これについてルブタンはこんなふうに言っています。「90年代初頭、女性は黒ばかり着ていたから、

離れてしまうことがあります。

自分ではなく受け取り側の人たちのために。

それは間違いではないけれど、まずは自分のなかに喜びがあるかということ。自分が魅了されるかということ。

そこから生み出されたものでなければ、そこその感動は与えられるかもしれないけれど、ずしんとした衝撃があるような、そんな感動を与えることはできないのではないか。

そんなことについて自省せずにいられない言葉です。

✦

魅力的なウィンクのようにレッドソールが後ろ姿のアピールになったらいいなと思った」。魅力的なウィンクのように……。

それこそなんて「魅力的な」表現をするひとなのだろう、と惹かれます。

出典

映画
『ファイアbyルブタン』
2012
『ハーパーズ バザー日本版』
2010.2

仕事 No. 13/25

もっとも解放されるのは仕事をしているとき

日夜働いてる。
私にとって仕事は解放だ。
仕事の定義は知らないが
働くことが楽しみだ。

ピエール・カルダン

✦

ファッションデザイナー

ピエール・カルダン
Pierre Cardin

ファッションデザイナー
1922-2020

バイセクシャルで恋愛方面でも話題をふりまいたカルダン、感傷的な恋愛をしてきたと言い、感傷的とは？と尋ねられると次のように答えます。

「感情のおもむくまま人それぞれの流儀で愛すること」

✦

「モード界の革命児」として絶大なる功績を残したピエール・カルダン。

「それはカルダンがはじめてしたこと」と言える事柄はたくさんあって挙げきれないけれど、たとえばオートクチュール（高級仕立服）のデザイナーでありながらプレタポルテ（既成服）に参入したこと、ライセンス事業を世界的に展開させたこと、ファッション後進国の日本やまだ人民服を着ていた中国でファッションショーを開催したこと、ジェンダーフリーの服を発表したこと、メンズ服のコレクションを発表したことなどがあります。すべて「そんなことは誰もやったことがない」時代に、です。

そんな彼が九十七歳のとき、亡くなる一年前に制作されたドキュメンタリー映画『ライフ・イズ・カラフル！』に映し出された姿は、無邪気なまでに好奇心旺盛で幼いほどにエネルギッシュでどんなに忙しそうでも悲壮感ゼロ。圧倒されて見入ってしまいます。

紹介した言葉も目をきらめかせながら言っています。

「解放」とは制限や束縛から自由になること。

仕事の種類にももちろんよるけれど、自分のなかから何かを生み出す仕事をしているならば、そのとき自分自身の精神や肉体が解放されているような感覚になっていることがたいせつ。

そんなことを説得力をもって訴えかけてくる言葉です。

✦

フランスの大女優ジャンヌ・モローとの恋愛も有名です。

「彼女は知性そのものだった。ココ・シャネルがジャンヌを紹介した。衣装を担当してくれと。若くて有能ね、名前は？とジャンヌに聞かれ、カルダン、と答えた」

出典

映画
『ライフ・イズ・カラフル！
未来をデザインする男
ピエール・カルダン』
2019

仕事 No. 14/25

「何をしたいか」ではなく「何になりたいか」

自分が何をしたいのかは
わからなかったけど、
何になりたいのかはわかっていた。
そして、
自分がなりたかった女性になったの。
ファッションと多くの女性たちのおかげで。
これまで生きてきたなかで、
どんなときも女性にパワーを
与えてきたという自負がある。

ダイアン・フォン・ファステンバーグ

✦

ファッションデザイナー

DVF（ダイアン・フォン・ファステンバーグ）。YSL（イヴ・サンローラン）と並んでイニシャルで世界を制したと言われ、「世界に影響を与えた〇人の女性」といった企画があると必ず上位にランクインするダイアンの言葉です。「自分が何をしたいのかはわからないけれど、何になりたいのかはわかる」という人はどのくらいいるのでしょうか。

ダイアンは何になりたかったのか。ドキュメンタリーで語られている言葉と合わせると彼女は**「責任ある自由な女性、さらに女性にパワーを与える人」になりたかったのだ**とわかります。「ファッションはそのための手段」でした。

彼女はファッションを通じて有名になり、ビ

✦

ダイアン・フォン・ファステンバーグ
Diane von Furstenberg

ファッションデザイナー
1946-

ダイアンを有名にしたのは一九七四年に発表したラップドレス。名前の通り、体に巻きつけるようなデザインで一世を風靡しました。

彼女のドキュメンタリーを観ると、どこまでも自由に生き、

ジネスを成功させ、自由に生きる自分の姿を通じて女性にパワーを与えてきたのです。

したいことがわからなくても「私はこういう人になりたい」というイメージがくっきりとあったことで、人生を思うように歩めたということ。

困っている人を助ける人になりたい、権力者になりたい、多くの人に感動を与える人になりたい、ひっそりと心穏やかに毎日を過ごす人になりたい……。

何をしたいのかわからない、と立ち止まってしまったときには、イメージを自問することで道が開けることもある、と思わされる言葉です。

✦

そして女性たちに自由とパワーを与えるべく活動してきた姿に拍手を送りたくなります。

奔放な恋愛でも有名ですが、女性が男性と対等ではない時代に生きながら軽やかに言っています。「女の体で男の人生を歩んでいたわ」。

出典
映画『ダイアン・フォン・ファステンバーグ：すべての女性のために』2024
『ファッション・アイコン・インタヴューズ　ファーン・マリスが聞く、ファッション・ビジネスの成功　光と影』
ファーン・マリス：著　桜井真砂美：訳
DU BOOKS 2017

自分の強さを見つける唯一の方法は、
自分自身に忠実であること。

若い人たちにアドバイスするとしたら、
こう言います。
自分自身の言葉を探す努力をすること。
自分の言葉をもつことはとても重要だから。

ダイアン・フォン・ファステンバーグ
Diane von Furstenberg

仕事 No. 15/25

視点を変えればインスピレーションは無限

あらゆるもののなかに
インスピレーションはある。
見出せないとしたら、
適切に見ていないからだ。

ポール・スミス

✦

ファッションデザイナー

映画『モダン・トラッドの英国紳士 ポール・スミス』に映し出されたデザイナーは、穏やかで謙虚で、好奇心旺盛な少年のような瞳をしていて、じつに魅力的。

「怒鳴り声」「苦悩」「アトリエのピリピリ感」が皆無で「ファッションデザイナー」にもこんな人がいるのだ、と新鮮な感動があります。

奇を衒(てら)ったデザインではなく、オーソドックスで、けれどどこかに遊び心があって、ちらりと個性を光らせたい人たちが彼の服を好みます。

日本でも大人気で、紹介した言葉は日本での講演時、スクリーンに映し出されていたものです。

You can find inspiration in everything.

✦

ポール・スミス
Paul Smith

ファッションデザイナー
1946-

ドキュメンタリー映画、ラスト間際の言葉も印象的です。

「時には流行の先端を目指したり、斬新な服を作ろうかとも思う。そのほうがファッション誌に注目されるし、他のデザイナーと同等扱いされるだろう。

If you can't then you're not looking properly.

字幕には「視点を変えればインスピレーションは無限」とあります。

ドキュメンタリーを見ると、納得です。遊園地、古着が売られている市場……。どんな場所に行っても彼の視線が素通りすることはない。どんな物にもユニークなところを見つけ出し、それをデザインに活かしているのです。

その姿に思います。「ここには自分にインスピレーションを与えてくれるものがない」と思ったとしたら、もうその時点で決定的に間違っているのだと。インスピレーションはどこにでもあるのに、それに気づかない自分の視線、意識が問題なのだと。

✦

でも今のままのほうがより多くの人に訴求できる。それが私には合ってるんだ。（略）大きなビジネスや有名になることが目標じゃなかった。……夢は見なかった。毎日を楽しむことがたいせつだったんだ」

出典

映画
『モダン・トラッドの英国紳士
ポール・スミス』
2012

仕事 No. 16/25

ギャラや待遇に納得できなければ断る

ギャラやその他の待遇は
自分がどれだけ評価されているかの
指標なので、
きちんと主張するし、
納得がいかなければ引き受けません。

ワダエミ

✦

衣装デザイナー

世界的名声を得た衣装デザイナー、ワダエミ。

ぴんと伸びた背筋とまっすぐな視線が印象的な彼女が七十六歳のときに出版された『ワダエミ　世界で仕事をするということ』には、彼女の仕事への向き合い方、人生への視線がぎゅっとつまっています。紹介した言葉は「プライド」というタイトルがついた一節にあります。

キャリアを積む過程においては、タダどころかお金を払ってでも経験したいことがあるのは確かです。けれど、それはほんとうに特別なことに留めておくことを忘れてはいけない。「経験をさせてあげているのだから」といった態度でとんでもなく低いギャラを提案されたり、軽く扱われたなら、自分はその程度の評価なの

✦

ワダエミ
Emi Wada

衣装デザイナー
1937-2021

黒澤明監督の映画『乱』（1985）でアカデミー衣装デザイン賞を受賞したのが四十八歳のとき。以後『プロスペローの本』『HERO』など多くの映画、舞台やプロジェクトで印象的な衣装を手がけてきま

だ、と冷静に受け止めたい。
ギャラは自分に対する評価、その他の待遇も自分に対する評価。それをどう受け止めるか、そして引き受けるのか断るのか。そこにあるのはプライドの問題ということです。

とはいえ、そんなふうに凛と言いきっている彼女も、駆け出しのころはほぼノーギャラで仕事を受けたこともあり、夫である和田勉から「ちゃんとギャラをもらうような仕事をしなさい」と諭されています。自分でもどうしていいのかわからないなか苦い思いもしてきて、そしていまの言葉がある、と思えば「プライド」も養ってゆくものなのかもしれない、そんなふうに思って勇気づけられます。

✦

した。千葉望氏との共著『ワダエミ』にはたくさんの魅力的な言葉があります。個人的に印象的だったのは、「お互いの時間を侵食しない別居」が自分たち家族には正解だったと、家族のあり方に正解はないと語っているところです。

出典

『ワダエミ
世界で仕事をするということ』
ワダエミ　千葉望：著
新潮社
2013

仕事 No. 17/25

「作った」は退屈

資料を残していないんだ、何ひとつね。
店（メゾン）にはあるだろうが、
私は見ないし興味もない。
「作る」のは楽しいが
「作った」は退屈なんだ。

カール・ラガーフェルド

✦

ファッションデザイナー

白髪のポニーテール、黒いサングラス、高い襟のシャツがトレードマーク、その功績とイメージからファッション界の「皇帝」と呼ばれるカール・ラガーフェルド。「フェンディ」のデザイナーとしての仕事も有名ですが、やはりなんといってもココ・シャネル没後、停滞していた「シャネル」ブランドを生まれ変わらせたことで知られています。

『カール・ラガーフェルド スケッチで語る人生』は、顔の見えないインタビュアーの質問にさらさらとスケッチしながら答えてゆくスタイルで彼の人生、仕事への視線が描かれています。

じつにコンパクトなのですが、彼の本質がちらちらと見えるようでとても興味深い。紹介し

✦

カール・ラガーフェルド
Karl Lagerfeld

ファッションデザイナー
1933-2019

ドキュメンタリーで彼は、自分を語ることを恐れながらそれを隠しながら穏やかに語っているように見えます。

七年後に亡くなっていますが「死」について問われたとき「死ぬときに姿を消す森の動物のよ

たのは、そのなかで彼が語っていた言葉です。

年齢を重ねた人たちでも、年若い人たちでも、自分がこれまでにしてきたことを語ることが好きな人がいます。「作った」が楽しい人たちなのでしょう。けれど、それを語る時間だけではなく想いを馳せることすら退屈だという人もいるということです。**過去の功績を眺めるなんてひどく退屈。楽しいのは、いましていることと、これからしようとしていること。**

過去の功績を眺めることも、それを語ることもエネルギーと時間を費やします。限られた人生で何にエネルギーと時間を使いたいか、そんなことを考えさせられます。

✦

うに死にたい。死んだ姿を見られたくないし宗教も信じていないし、死んだらそれまで」と言い、さらに詩人のシェリーを引用して、死というのは「人生の夢から目覚める」ことなのだと自分に言い聞かせるように語るシーンが印象的です。

出典

映画
『カール・ラガーフェルド
スケッチで語る人生』
2012

仕事No. 18/25

すぐに受けいれられないからこそおもしろい

ぼくにとってデザインがおもしろいのは、
すぐに受けいれられるものではない、
ということがあります。
向こうにぜったい届けたい人はいるのだけれども、
すぐに届くのではなく、少しずつ理解し始めて
くれるもの、というところです。
それがデザインという、人と
コミュニケーションをする仕事のおもしろさだと、
ずっと思っています。
おもしろい仕事をしたかったら、
そこのところがわかっているといい、と思う。

三宅一生

✦

ファッションデザイナー

日本を代表するファッションデザイナーのひとり、三宅一生。

彼が「一枚の布」や「プリーツ」を発表したとき、多くの人が「困惑」しました。従来の服のように、着ればかたちになる、つまりフィットするのではなく、「自分で着方を考えなければいけない」からです。

人々の反応は彼の狙い通りでした。

なぜなら彼は「人間と服の関係を考えた」結果、着る側とつくる側とが半々に責任を持ち合うような服を提案したからです。

着る側も考えなければいけない。着る側にも責任がある。これはすぐには理解されなかったけれど時間をかけて受けいれられてゆきました。

✦

三宅一生
Issey Miyake

ファッションデザイナー
1938-2022

『三宅一生 未来のデザインを語る』には2007年、東京ミッドタウンに生まれた「21_21 DESIGN SIGHT」への想いがあふれています。

このデザインミュージアムを作ろうと最初に話し合った相手

紹介した言葉にあるように、三宅一生はそれがおもしろいと言っています。

時間をかければきっと理解される。だから理解されるまでの過程も興味深く眺めたらいい。

それをふくめて仕事のおもしろさなのだし、何か新しいことを発表する際、けっして結果を急ぐな、ということもあるのでしょう。

さらに「向こうにぜったいに届けたい人はいる」と思えるか、という問いかけもあるように思います。「届けたいものがある」もたいせつだけれど「届けたい人がいる」、これは一方的ではなく、人と人とのつながりを想起させます。重く受けとめたいと思うのです。

✦

は彫刻家のイサム・ノグチと建築家の安藤忠雄。三人が共有していた想いは次の三宅一生の言葉にあります。

「人間はいまいかに生きるべきか、という根源的な問いを、デザインで考えることが重要なのです」

出典

『三宅一生 未来のデザインを語る』
重延浩：著
岩波書店
2013

仕事 No. 19/25

意見が対立しても最後まで自分を通す

しだいにわかってきたのは、
デザインや色を強烈に感じるとともに、
自分の本能を信じることが大事、
ということだ。
一緒に仕事をする男性たちと
意見が対立することも多いが、
なんとか説得して
思い通りの製品を作ってもらい、
商品を売りこんでもらわなければ
ならないのだから。

マリー・クワント

✦

ファッションデザイナー

一九六〇年代にミニスカートを世界的に流行させたことから「ミニの女王」と呼ばれるマリー・クワント。彼女が八十二歳のときに著した自伝には、仕事のこと、私生活のことが彼女が発表したコスメの色とりどりのパレットのように色彩豊かに綴られています。

女性たちをもっと自由にしたい、彼女たちに「ときめき」を与えたい。これがマリーの願いでした。けれどそれを商品化し、販売することはひとりではできません。

マリーは内気で、しゃべることが得意でもなく威圧的でもなかったけれど、自分がこうと思ったことを最後まで通す粘り強さがありました。取引先の人や職人が「そんなの無理です」

✦

マリー・クワント
Mary Quant

ファッションデザイナー
1930-2023

ドキュメンタリー映画『マリー・クワント　スウィンギング・ロンドンの伝説』（２０２１）でマリーは言っています。「ココ・シャネルには嫌われていた。理由はよくわかっている！」。

マリーが脚光を浴びたのは

と言ったとしても、穏やかに食い下がり、ときに沈黙し、ときに別の角度からの提案をし、結局自分が思うように行動してもらうのです。
紹介した一節で彼女は「本能」という言葉を使っています。ここでは「経験や学習によるものではなく、とにかく自分が強く感じること」といった意味でしょう。
マリーは発案者だから、マリーのこの言葉は自分が発案者、リーダーだった場合に限られることかもしれない。けれど、自分から提案した仕事であったなら、周囲と対立してもすぐに折れることなく、自分自身の感覚をつよく信じなければ。それは頑固とは違います。発案者として、もつべき矜持なのです。

✦

シャネル晩年の時代。シャネルは「膝を出すのは下品」とミニスカートを嫌っていました。マリーにしてみればシャネルのことは敬愛しているけれど自分が着たい服は別ということ。ふたりの四十七という年齢差を考えれば無理のない話です。

出典

『マリー・クヮント』
マリー・クヮント：著
野沢佳織：訳
晶文社
2013

既存のルールを壊すと、力が湧いてくる。

マリー・クワント
Mary Quant

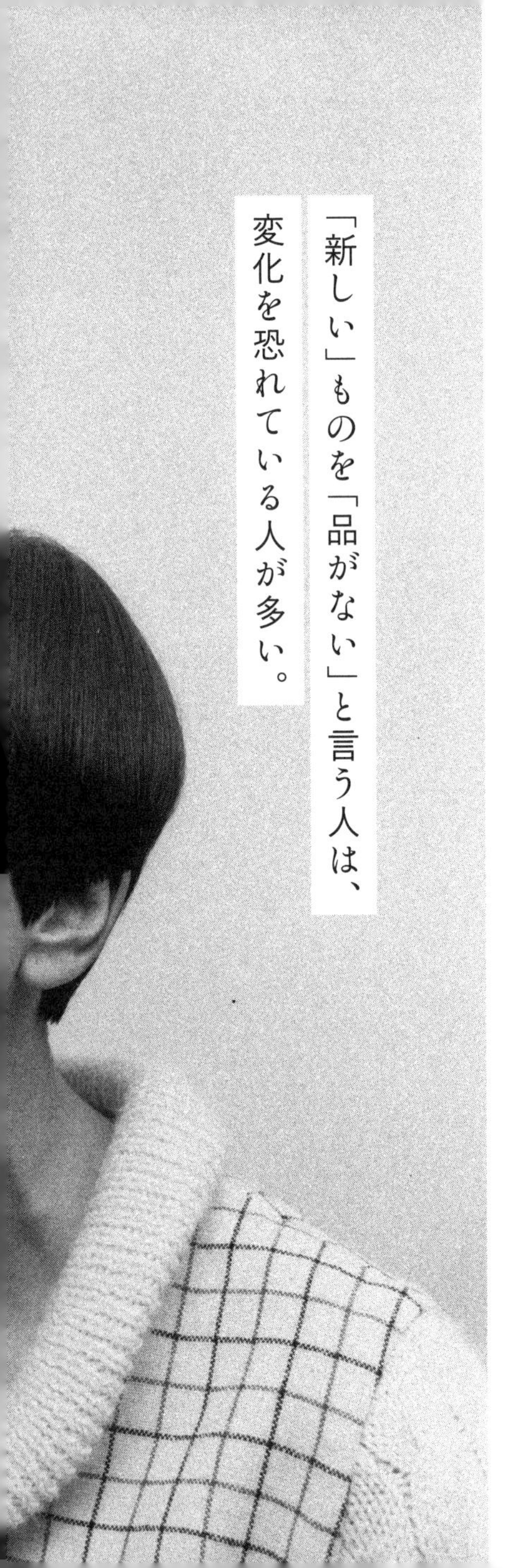

ヴィダル・サスーンに
カットしてもらっている
マリー・クワント

仕事 No. 20/25

情報のコレクターに人の心はつかめない

情報収集のパッチワークのような考え方や
表現を世に向かって提示してみても、
結局は人の心をつかむことはできない。
大切なことは、
情報のコレクターになることではなく、
たとえ幻想であったとしても、
情報の震源地になるくらいの
気迫を持ちつづけることであろう。

石岡瑛子

✦

アートディレクター

広告、舞台美術、衣装デザイナーと多岐にわたるジャンルで世界を舞台に活躍したデザイナー石岡瑛子。

　彼女が六十七歳のときに自らの仕事のことを綴った『私（わたし）デザイン』は、ひとりの日本人女性が、数々の巨匠たちと、同僚とどのような姿勢で関わってきたのかが詳細に、厳しい筆致で綴られていて、デザイナーでなくても仕事を人生の要とするひとにとってはどのページにも示唆があふれている、そんな一冊です。

　紹介した言葉を目にしたときには、大きくうなずいて、同時に、自戒させられました。

　情報の大海のなかで、よほど注意していないと溺れてしまう現代を生き抜く上で、たいせつ

✦

石岡瑛子
Eiko Ishioka

アートディレクター
1938-2012

石岡瑛子の世界を堪能できる映画としては、アカデミー衣装デザイン賞を受賞したフランシス・フォード・コッポラ監督による『ドラキュラ(Bram Stoker's Dracula)』（1992）、ターセム・シン監督による『ザ・セル』

なことがここにあります。

情報のコレクターになってはいけない。

ネットにあふれる「引用」だけのコンテンツを見れば明らかです。情報としては役に立つかもしれない。けれど胸をうたれることはけっしてありません。その人でなければ生み出せないものがそこにあってはじめて、胸うたれ、心にふかく刻まれるのですから。

集めた情報をそのまま発信することで何かを成しているような気になるな。

そんな厳しい声が聞こえてくるようで、叱られたようになりながらも胸にとめたいと思うのです。

✦

（2000）『白雪姫と鏡の女王』（2012）などがあります。

歌姫ビョークの「Cocoon」のミュージックビデオも監督しています。ビョークと石岡瑛子、ふたりの女性のたぐい稀（まれ）な才能のコラボレーションに息をのむ、そんな作品です。

出典

『私デザイン』
石岡瑛子：著
講談社
2005

仕事No. 21/25

恐怖心がよい仕事に結びつくこともある

よく聞かれる。
仕事の原動力、
仕事に駆り立てるものは何かと。
一種の恐怖心が私を駆り立てる。
何かを失う恐怖。
現実を直視する恐怖だ。

ジョルジオ・アルマーニ

✦

ファッションデザイナー

ジョルジオ・アルマーニ
Giorgio Armani

ファッションデザイナー
1934-

アルマーニの夜のドレスはおもいきりロマンティックですが、彼はずっと仕事のときに着られる服を提案し続けてきました。「演劇効果を狙った大袈裟な服を作る者もいる。レトロに走る者もいる。いずれも見え透い

✦

ドキュメンタリー映画『アルマーニ』、冒頭の言葉です。「仕事の原動力」について「恐怖」という言葉を出すひとは、そういないように思います。どきりとします。

自身の名を冠したブランドのデザイナーとして活躍し、コレクションでは照明、音響、モデルのアイメイクにまで細かい指示を出す。ぴりぴりとした空気のなか、彼の怒鳴り声がバックステージに響く。

仕事が楽しいようすがなく、彼が背負っている重圧がひしひしと伝わってきて息苦しくなるけれど、「恐怖」という言葉を考え合わせると、すとんと何かが腑に落ちたようになります。

「アルマーニ帝国の独裁者」と呼ばれるほどの

成功、名声、富を手にした六十代半ばの彼は「恐怖」が仕事の原動力だと言っている。

精神年齢は若いまま肉体だけが衰えていくことを嘆いてもいたので、彼の「現実」には「老い」も大きな比重を占めるのかもしれません。

さまざまな仕事のスタイル、人生があります。アルマーニは仕事をすることで、これまでよりも良いものを生み出すことに集中することで、彼の恐怖を払いのけようとしている。必死なのです。そして、楽しいことをしているように見えないとしても、それが彼の生き方。

そんなふうに思うと、怒鳴っている姿は好きではないけれど、必死で闘っている彼が愛しく思えてきます。

✦

ていて陳腐だ。そんなコンセプトには創造性のカケラもない」と断言しています。年に二回新しいコレクションを発表するからといって、半年前の自分の創作を否定するようなことはしたくない、というのが彼の考えです。

出典

映画
『アルマーニ』
2000

仕事No. 22/25

良い作品も悪い作品もすべて記録する

私は良いものを作ってきたし、
使えるもの、使えないもの、
最悪の作品も作ってきました。
だけどすべてを記録にとどめているから、
何を避けて通ればいいのかはわかります。

マノロ・ブラニク

✦

ファッションデザイナー

憧れのシューズの代名詞となっている「マノロ・ブラニク」。彼の存在が世界中に知れ渡るきっかけとなったのは、アメリカのドラマ『セックス・アンド・ザ・シティ』。ファッションリーダー的な存在のヒロインが彼の靴を狂的に愛しているからです。

ソフィア・コッポラによる映画『マリー・アントワネット』の靴のデザインを担当したことも話題となりました。

その宝飾品のようなデザインは、靴という概念をかろやかに打ち破ります。

紹介した言葉は、どんなに成功しても、どんなに賞賛されても、成功に慢心することなく、自分の仕事に真面目に打ちこんでいることが伝

✦

名声なんていらないし人づきあいも苦手だし、ひとり暮らしが心地いい。そして、ただひたすら美しい靴を作りたい、それだけ。

マノロ・ブラニク
Manolo Blahnik

ファッションデザイナー
1942-

彼を描いたドキュメンタリー映画『マノロ・ブラニク トカ

わってきて胸に残りました。

「最悪の作品も作ってきました」とさらりと告白していることも驚きだけれど、成功も失敗もすべて「記録にとどめている」ということ。

記録にとどめることで同じことを繰り返さないように、ということなのでしょう。

彼の数々の美しいシューズを思い浮かべてあらためて感じ入ります。よい仕事の土台には、堅実で真摯な姿勢がある。

そして、日々の生活を想います。たとえば日記やメモといった形での記録、友人との会話を通して胸に残すという形での記録、それらもまた明日からの日々「何を避けて通ればいいのか」といった示唆になっているのだと。

✦

ゲに靴を作った少年』は、そんな彼の姿が愛をもって描かれています。

彼が目をきらめかせて言った次の言葉が印象的でした。

「ドレスでいうところのデコルテが胸なら靴のデコルテは足の指だ。足の指の割れ目がデコルテなんだ。そこが美しい」

出典
『ヴィジョナリーズ　ファッション・デザイナーたちの哲学』
スザンナ・フランケル：著
ブルース・インターアクションズ
2005
映画
『マノロ・ブラニク
トカゲに靴を作った少年』2017

仕事 No. 23/25

満足な出来栄えを味わったことは一度もない

夜がふけてアパートに戻る。
簡単な夜食をつくって食べる。何ヵ月かの疲れを
シャワーで洗い流すと、私のなかはからっぽ……。
謙虚に神に祈るのである。
「完全な出来栄えとは思えません。でも、
限られた時間のなかで全力を尽くしたのです」
こんなことを私は、何百回くり返してきたことか。
この仕事を始めて四〇年になる。
一度も満足な出来栄えを味わったことはない。
自分の力量に失望しながら、この次は
よいコレクションを創ると心に誓うのである。

森英恵

✦

ファッションデザイナー

森英恵が六〇代後半のころ、あるときのパリ・コレクション前夜のようす。自伝『ファッション 蝶は国境をこえる』の序章の結びの一節にあります。

多くの仕事には締め切りというものがあり、仕事に真剣に向き合っていれば、よい仕事をしたいと願うことは当然なので、締め切り間際は、たいてい、時間と体力と精神力の勝負になってきます。疲労困憊、頭がくらくらしても限界まで闘うわけです。そして締め切りをむかえ、作品が手を離れたとき、もっとできたのではないか、いや、限られたなかで全力をつくした、でも次こそは……という想いが胸に広がる。

世界を舞台に第一線で活躍し続けている彼女

✦

森英恵
Hanae Mori

ファッションデザイナー
1926-2022

自伝にはココ・シャネルとの興味深いエピソードがあります。

一九六一年、森英恵三十五歳のとき、パリのシャネル店でシャネルスーツを作ります。当時シャネルは七十八歳。

直接言葉を交わしたわけでは

のようなひとが、ひとりきりの部屋で想うこと、その姿に、想いを寄せたくなるのは、そこに何かをつくり続けてゆく人間に共通の試練と自分自身に対する厳しい視線を見るからです。

コレクション前夜なので、必死でつくった作品がどんなふうに評価されるかわからないという段階。だから、このとき胸に去来することに他者からの評価は関わっていなくて、すべて自分基準。自分が満足できているか否か、です。そして満足できていないなら、次こそは、と決意するしかない。そんなふうにして、それでも続けてゆく。

その姿に小さな、けれどたしかな励ましをもらったような心もちになります。

✦

なく、鏡越しにその姿を見ただけですが、森英恵は自分のために仕立てられたシャネルスーツの着心地の良さとエレガンスに感動し、「女のデザイナーの可能性」を見て、本格的にデザイナーとして仕事をする決意をするのです。

出典

『ファッション
蝶は国境をこえる』
森英恵：著
岩波書店
1993

仕事 No. 24/25

アイデアをとっておくなんてありえない

加減してつくりませんから。
アイデアを次のコレクションに
とっておくというのもありえない。
引き出しに入れておいたら
古くなってしまう。

川久保玲

✦

ファッションデザイナー

「コムデギャルソン」のデザイナーとして、ファッション界に絶大なる影響を与え続ける川久保玲。

二〇一七年にニューヨークのメトロポリタン美術館（MET）で「川久保玲／コム デギャルソン」展が開催されたときには、存命の単独デザイナーの特別展としては一九八三年のイヴ・サンローラン以来ということで、大きな話題となりました。

紹介した言葉は、言葉そのものとしては大きな驚きはないけれど、服を通じて人間社会がかかえる問題、それに対する自分の感情、意見を熱烈に発信し続けてきた彼女の仕事に想いを寄せると、立ち止まって、その意味をあらためて

✦

川久保玲
Rei Kawakubo

ファッションデザイナー
1942-

一九八一年、はじめて外国人が参加できるようになったパリ・コレクションに山本耀司とともに参加、従来の女性らしさをくつがえす作品を発表、大きな衝撃を与えました。

アレキサンダー・マックイー

考えたくなります。

そのときそのときで、すべてを出しつくしつくして、彼女がよく言うように、出しつくしたあとは再び「ゼロからつくる」ということをするためには「アイデアをとっておく」なんて「ありえない」のです。

——加減してつくりませんから。

いまの仕事に、「とっておくもの」がないほどに全力をつくすということ。

川久保玲のコレクションがあれほど多くの人を感動させる理由のひとつがあるように思って、たいせつに胸にしまいたいと思うのです。

✦

ン、マルタン・マルジェラをはじめ、驚くほどに多くの有名デザイナーが、インスピレーションを受けた人として「川久保玲」の名を挙げています。
オノ・ヨーコ、草間彌生とともに、世界に名が知られている日本人女性のひとりです。

出典
「pen ペン」
No.507
阪急コミュニケーションズ
2012.2.15
「デザイナー川久保玲
独占インタビュー」

仕事 No. 25/25

原動力は熱情という名の炎

私の中では炎が燃え上がっている。
自分自身を焼きつくすほどの炎で、
それこそが私を突き動かす原動力だ。
疲れを感じることもあるが、
炎は舞い上がり、私をつつみこむ。
名前をつけるとすれば「熱情」だ。

マイヤ・イソラ

✦

テキスタイルデザイナー

「マリメッコ」の「ウニッコ（けしの花／ポピー）柄」で知られるフィンランドのデザイナーのドキュメンタリー映画『マイヤ・イソラ旅から生まれるデザイン』は、タイトルにあるように「旅」をすることが息をすることと同じように重要なことだったひとりの女性の姿が描かれています。観ている途中から旅がしたくてたまらなくなるほどに。そして彼女の人生に対する意欲は、熱く激しく、圧倒され、ふかく胸うたれます。

紹介した言葉が胸に響いたのは、無から新しいものをつくり出すときになくてはならない「熱情」をもち続けているのだと、きっぱりと言いきれる彼女への羨望があったからです。

✦

マイヤ・イソラ
Maija Isola

テキスタイルデザイナー
1927-2001

マイヤの「熱情」は多くの恋愛の原動力ともなりました。

映画のなか、マイヤの一人娘が母親と恋愛について話したときのことを語っています。

「母にとって恋は芸術活動の一つでした。新しい恋人からエネ

けれどそんな彼女にも、その炎が弱まっているように思うときもあって、そんなとき彼女は旅に出て、旅先で刺激を浴びて、ふたたび自分のなかの炎がさかんに燃えるのを感じる、それを繰り返していたのではないか。つまり、**彼女は自分自身の熱情を養うということをしていたのだろうと思うのです。**

何かを生み出そうとするとき、熱情はたいせつです。それがなければ、人を魅了することは難しい。けれど休みなく熱情の炎が燃えています、という人は別にして、自分で熱情の炎をかきたてることもまた、創作に必要な作業。

とすれば、自分の炎をかきたてるものは何なのだろうと、いまいちど考えたくなります。

✦

ルギーをもらって自身の作品に活かすのです。そのことを母は〝人を食べる〟と表現しました」

恋愛からインスピレーションを与えられることを最高にストレートに表現しています。

出典

映画
『マイヤ・イソラ
旅から生まれるデザイン』
2021

2 ✦ ファッション

——センス、美しさ、そして自分らしさとは

ファッション No. 1/17

ファッションをばかにする人は信用できない

どんなに知性があっても
ファッションをばかにしている人は
信用できない。
たとえ評論家や建築家であってもです。
着ている服で
その人が本物かどうかわかります。

山本耀司

✦

ファッションデザイナー

日本を代表するファッションデザイナーのひとり、山本耀司が七十歳のときに出版された『服を作る――モードを超えて』には、彼の哲学が詰まっていて、読んだあとに帯にある言葉、「命と引き換えにものを作っている」がずっしりと胸に響く、そんな本です。

紹介した言葉の前には次の一節があります。

――自分はファッションデザインを表現活動だと思っているのに、芸術のランクでは相当下に見られているので、山本耀司について書いた物書きでさえ「ファッションというマイナーなところから出発して」という書き方をしていました。やっぱり芸術という表現分野ではマイナーに見られるんだなと。でも、僕はそう思ってい

✦

山本耀司
Yoji Yamamoto

ファッションデザイナー
1943-

山本耀司は言葉の人でもあります。そんな彼が敬愛するのが作家の坂口安吾。ある時期に欧米のジャーナリストたちに自分のことを理解してもらうなら坂口安吾の作品を読んでもらうのが一番、と考えて『堕落論』と

ません。ファッションというのは物書きでさえ書けない、言葉にできないものを形にする最先端の表現だと思っています。――

ファッションは最先端の表現、そうとらえているからこそ、ファッションを軽視する発言や態度に我慢ならない。そして、そういう人は「信用できない」と彼は言っています。

「信用できない」と言われることは「あたまが悪い」「知性なし」と言われるよりも、なにか魂の醜さを指摘されたようで嫌なかんじです。だから、ファッションに詳しくなくても、ファッションをばかにするような発言はしたくない、とつよく思わされる一節です。

✦

『日本文化私観』を英訳したというのですから、どれほど共鳴していたのかがわかります。特に『堕落論』は「子供がぬいぐるみを大事にするように、海外に行く時など、いつもバッグに入れて」もち歩いているのだとも言っています。

出典

『服を作る――モードを超えて』
山本耀司：著
宮智泉（聞き手）
中央公論新社
2013

ファッション No. 2/17

ファッションを軽蔑する態度の裏には不安が潜んでいる

ファッションのことを恐れてる人は
大勢いると思う。
ファッションについて悪く言うのは、
恐れや不安の裏返し。
自分がクールなグループに属していない
と感じて、軽蔑したり無視したりする。
ファッションの「何か」が
人々を動揺させるの。

アナ・ウィンター

✦

ファッション雑誌編集者

映画『ファッションが教えてくれること』の冒頭、アナ・ウィンターの言葉です。

彼女は最も有名なファッション雑誌編集者のひとりで、決して乱れることのないボブヘアとサングラスがトレードマーク。ファッション関連の本や映画に必ずと言っていいほど登場する人物です。

アナのこの言葉には大きくうなずきました。たしかに、ファッションをけなす人は、どこかで「自分はダサいかも」と不安に感じている人が多いのではないか、と周囲を見渡してみれば、かなりの確率で思い当たる人がいるように思うからです。

自分が理解できないもの、わからないものに

✦

アナ・ウィンター
Anna Wintour

ファッション雑誌編集者
1949-

ドキュメンタリー映画『ファッションが教えてくれること』は世界のファッションを牽引する雑誌がどのように作られていくのかを追った作品。とても興味深いものになっています。

アナの盟友でもある、グレー

対して人は攻撃的になりがちです。攻撃しておとしめることで、自分を守ろうとするのでしょう。でもそれで恐れや不安が取り払われるわけはなく、つまりそれで自分を守れるはずはなく、だから永遠に攻撃しておとしめることをし続けることになります。

そのエネルギーがあるなら、一度、とことんファッションと向き合うべきなのだろう、とアナの言葉に思います。ファッションとは何かを考え、その歴史を学び、ファッションの現在を知って、その上で自分とファッションの関係を決めたなら、この作業を徹底的に一度することで少なくとも「恐れや不安」は取り払われるのではないでしょうか。

✦

ス・コディントンとの緊張感あふれるやりとりも見所のひとつ。グレースはこの映画で一躍時の人となりました。

このテイストが好きな人には、アナ主催のイベントを扱ったドキュメンタリー映画『メットガラ　ドレスをまとった美術館』もおすすめです。

出典

映画
『ファッションが
教えてくれること』
2009

コラム 3

『プラダを着た悪魔』が教えてくれること

映画『プラダを着た悪魔』(2006)でメリル・ストリープが演じた冷徹なカリスマファッション雑誌編集長はアナ・ウィンターがモデル。原作は元アシスタントのローレン・ワイズバーガーが書いた、小説とはいえ、いわゆる暴露本なので、怒って当然のところを、もちろん内心では炎がぼうぼう燃えていたのでしょうが、試写会には愛娘と一緒にプラダの服を着て出かけたというのですから、強すぎます。

この映画のなかに、前述の山本耀司とアナ・ウィンターの言葉と合わせて、ぜひとも紹介したいシーンがあります。

・

アン・ハサウェイ演じるアンドレアはジャーナリスト志望の若き女性なのです

が、ひょんなことから有名ファッション雑誌編集部で働くことになります。
社会問題を扱う記事を書くことは意義深いことだけれどファッションなんて軽薄、だから興味がない、という女性です。編集部でもひとり「ダサい」服を着て浮いているのですが、かまいません。私は知性の人、という気概があるからでしょうか。
そんなアンドレアが働き始めて間もないころ、ボスである編集長ミランダのオフィスでの打ち合わせに立ち会うのですが、二種類のベルトのどちらかを採用するかで迷っているスタッフの姿を見て、アンドレアはついぷぷっと笑ってしまいます。

それを見咎めて「何かおかしい？」と冷ややかに反応した編集長のミランダに

アンドレアは思ったことをそのまま伝えます。「私には二つのベルトがまったく

同じに見えたので。こんなのははじめてで……」

さらに冷ややかに「こんなの、ですって？」と編集長のミランダ。そして続くセ

リフが強烈なのです。私訳します。

あなたには関係ないことよね。あなたは家のクローゼットから、そのサエな

い「ブルー」のセーターを選んだ。私は着るものなんか気にしないマジメな

人、って主張をするかのようにね。

でもね、知らないでしょうけれど、その色はただの「ブルー」じゃない。「ター

コイズ」でも「ラピス」でもない、「セルリアン」なの。

あなたは興味もないでしょうけれど、二〇〇二年にオスカー・デ・ラ・レン

タがセルリアン色のガウンをコレクションで発表し、すぐにイヴ・サンロー

ランがセルリアンのミリタリー・ジャケットを発表。続けて八人のデザイナーがコレクションに採用して、たちまちブームになって、デパート、さらには安いカジュアル服の店でも売られるようになって、そしてあなたがセールで購入したってわけ。その「ブルー」は巨大市場と無数の労働の象徴なのよ。

なんだか滑稽（こっけい）よね。あなたがファッションと無関係と思って着ているセーターは、ここにいる私たちが選んだものなのだから。山のように積まれたこんなの中からね。

ファッションを知りもせずに、知ろうともせずに、軽視することはすごく恥ずかしいことなのだと、つよく思わされたシーン、セリフです。

ファッション No. 3/17

個性的なスタイルに必要なのはセンスよりも勇気

誰でもセンスはある。
ただ勇気がないんだ。
最近はクッキー型みたいに
同じスタイルばかりだね。
個性的なスタイルを探すのは
至難の業だよ。

ビル・カニンガム

✦

ファッション写真家

「彼に撮られることこそがニューヨーカーのステータス」と言われた写真家の言葉です。

個性的でありたいと思わなければ、この言葉は意味をなさないかもしれません。「みんなと同じ」が落ち着く人だっているわけですから。

けれど、それでは嫌だ、個性的なほうがいいと思う人には写真家ビル・カニンガムのこの言葉は、それこそ「勇気」をもたらしてくれそうです。

ニューヨークのストリートで五十年間、街行く人々のファッションを撮り続けた写真家を追ったドキュメンタリー映画『ビル・カニンガム&ニューヨーク』のなかにこの言葉はあります。

✦

ビル・カニンガム
Bill Cunningham

ファッション写真家
1929-2016

『ビル・カニンガム&ニューヨーク』のビルは好奇心と意欲にあふれた八十四歳。仕事がしやすいという理由で、パリの清掃作業員と同じ青い上着をユニフォームとし、自転車で街をゆき、街角でスナップ写真を撮

「センス」にはさまざまな意味がありますが、ビルは「誰でもセンスはある」と言っているので、この場合は、「人それぞれの内面にある物事への感じ方、その表現方法」ととらえてよさそうです。

誰しもセンスはもっているけれど、個性的かそうでないかを分けるのは「勇気」。

だから個性的でありたいと願うなら、恥ずかしさや躊躇を振り払うことだよ。

ビルの言葉はやさしく、けれど力強く背中を押してくれます。

✦

り、数々のイベントに顔を出し、ファッションスナップを撮るようすが、ほんとうに楽しそうで、観ているこちらまでウキウキと楽しくなってきます。

彼の内面を知りたいための質問もなされますが、一定の慎みがあり、製作側の距離感が心地いい作品です。

出典

映画
『ビル・カニンガム&
ニューヨーク』
2010

ファッション No. 4/17

美を追い求める者は必ずや見出す

昔から変わらない一つの真実があります。
美を追い求める者は必ずや美を見出す。

ビル・カニンガム

✦

ファッション写真家

ビル・カニンガムの映画からもう一つ。この言葉は映画の終盤、フランスの芸術文化勲章を受賞したスピーチのラストにあります。

——昔から変わらない一つの真実がありま す。美を追い求める者は必ずや美を見出す……

ここで、感極まって言葉につまるのです。終始明るく笑顔しかなかった彼だからこそ、胸うたれます。そこには美を信じ、それだけに人生を喜んで捧げてきたひとりの人間の姿がありました。

彼は自らの信念をことさらひけらかすことなく、自分がしていることを大したことだと思うこともなく、淡々と、けれどひたすらに、たったひとつのこと、美を追い求めるということを

✦

ビル・カニンガム
Bill Cunningham

ファッション写真家
1929-2016

ニューヨークの名物カメラマン、ビル・カニンガム。彼が「名物」である理由のひとつに「タダで着飾った有名人に興味はない」と言いきっていることがあります。PRのためにハイブランドから提供された服を着

し続けてきました。

そして、ビルが追い求めた美はストリートのファッションのなかにあったけれど、写真家でなくても、「美」から離れることなく、追い求めるということの重要さをビルの言葉に思います。

いつだって手放すことも諦めることもできるのです。

だからこそ、自分が美しいと感じるものは何か、自分が信じたい美とは何か、そんなことを、諦めないあいだは、自分に問うということを続けたいものです。

✦

ている有名人を撮ることはほんとうに少なくて、大女優カトリーヌ・ドヌーヴが通ってもカメラを構える気配さえ見せません。アナ・ウィンターでさえ撮ってもらえるかもらえないかドキドキで、「私たちはみんなビルのために着るの」と言っているくらいなのです。

出典

映画
『ビル・カニンガム&
ニューヨーク』
2010

ファッション No. 5/17

センスがなくてもハッピーならそれでいい

みんな、好きな服を着るべき。
センスがなくても
その人が幸せならそれでいいのよ。

アイリス・アプフェル

✦

インテリアデザイナー、ファッションアイコン

『アイリス・アプフェル！94歳のニューヨーカー』は、ファッションってこんなに自由でいいんだ、と歓声をあげたくなるような楽しいドキュメンタリーです。

八十代になってからブレイクした「世界最高齢のファッションアイコン」は大きなメガネに重ねづけされた大ぶりのアクセサリーがトレードマーク。

「平穏に生きたい人にも刺激は必要なのよ」と言う彼女のスタイルは刺激的で過剰なほどに色彩豊かです。けれどまったく下品ではなく「これがセンスというものなのだ」と感嘆します。

多くのデザイナーも彼女を絶賛しているほどなのに、それでも彼女はけっしてほかの人の

✦

アイリス・アプフェル
Iris Apfel

インテリアデザイナー、
ファッションアイコン
1921-2024

インテリアデザイナーとしてホワイトハウスの装飾も手がけていたアイリス。映画のなかで、ホワイトハウスの修復に熱心に取り組んだファーストレディ、ジャクリーン・ケネディの名が出ます。

ファッションを悪く言いません。

紹介した言葉は「あなたはほかの人のファッションを悪く言わないね？」と友人から言われてアイリスが答えたセリフ。

自分自身もほかの人に何と言われようと好きな服を着ている。そう、アイリスのファッションを悪く言う人だっているはずです。

好きな服は人それぞれ。ある人から見れば「センスがない」と言われても、ある人からは「センスがある」と言われることもある、ということ。アイリスの言葉は、先に紹介したビル・カニンガムの言葉とも重なって、寛容さにあふれ、だから美しく響きます。


「彼女とはモメてね……」と語ろうとする夫を「その話題はだめ、政府が嫌うの」とさえぎるので詳細を知ることはできないのですが、ジャクリーンとアイリス、個性の強いふたりのバトルを想像して楽しくなります。

出典

映画
『アイリス・アプフェル！
94歳のニューヨーカー』
2014

ファッション No. 6/17

ファッションは未来に繋がる楽しみへの投資

ファッションって、
自分の未来を買うこと、
イメージを買うこと。
いわば、未来への投資。
未来は見えないけれど、
未来に繋がるような楽しみを
内包しているのがファッション。

コシノジュンコ

✦

ファッションデザイナー

エッジのきいたショートボブがトレードマークのデザイナーによる『コシノジュンコ　56の大丈夫』はコロナ禍の真只中に書かれた本。「おわりに」の最後に「日本は、戦争や天災を含めあらゆる困難を乗り越え、どん底から這い上がり、心豊かに平和にあり続けてきた国。必ず立ち上がる。だから、大丈夫」とありますが、本全体が強くポジティブなメッセージに満ちています。紹介したのはそんな彼女のファッションについての言葉です。

「ファッションは自己表現」、これはほとんどのデザイナーが言っていて、コシノジュンコも例外ではないけれど、「未来への投資」という表現が印象に残りました。

✦

コシノジュンコ

Junko Koshino

ファッションデザイナー

1939-

『コシノジュンコ　56の大丈夫』に書かれた興味深いエピソードを。

彼女が二十二歳のときに当時作家として活躍中の石原慎太郎に会う機会がありました。彼に憧れていたからワクワクしてい

比喩（ひゆ）的に使われている「投資」。自分の未来に期待して、いま頭や時間やお金を使えば、あのとき使ってよかったと思える、という意味なのでしょう。

未来と言うと、ずっと先のことと思いがちですが、ファッションのことを考えること、工夫すること、そして時には新しい服を買ったりもして、その服を着た自分を想像すること、その服を着てどんな場所に行こうか、と心ときめかせること。

そういった楽しみが糧（かて）になってゆく、そんなことを伝えたい言葉なのだと思います。

✦

たのですが……。

——私の顔を見るなり開口一番こう言ったんです。「ファッションなんてくだらねぇよ」。びっくりでしょう？　私もう驚いてしまって、憧れどころか一気に冷めちゃったわね。——

前述の山本耀司の言葉が強く重なるエピソードです。

出典

『コシノジュンコ 56の大丈夫』
コシノジュンコ：著
世界文化社
2021

ファッション No. 7/17

他人から見れば、誰もがフリーク

「フリーク」とは、ほかとは違う人、
独特な人という意味なんだ。
程度の差こそあれ誰しも
ほかの人たちとは違う
独特なところがあるだろう？
だから他人から見れば
僕たちは皆フリークなんだよ。

ジャン＝ポール・ゴルチエ

✦

ファッションデザイナー

映画『ジャンポール・ゴルチエのファッション狂騒劇』のなかのセリフです。

辞書的には「フリーク」は「変わっている／奇人変人／異形のもの／一つのことに熱中している人／マニア」といった意味をもちますが、ゴルチエは「ほかと違う人、独特な人」として使っています。そしていくつかのインタビューで「違うことは美しい」と言っているので、自分と違うあらゆることのなかに美を見て、それに感動する心をもったほうが人生ははるかに楽しい、ということを伝えようとしているのでしょう。

彼は一九八〇年代から多様なモデルたちを起用して話題を振りまいていました。いまでこそ

✦

ジャン＝ポール・ゴルチエ
Jean-Paul Gaultier

ファッションデザイナー
1952-

ゴルチエがデザインしたマドンナのワールドツアー（1990）の衣装、円錐形のブラ（コーンブラ）とコルセットはいまや伝説となっています。当時のゴルチエの言葉、「つねにマドンナと同じ精神で取り組んでいる。

多様性を尊重することは当然となっていますが、ずっと前から彼は「フリークは美」という主張をし続けてきたのです。

それにしても誰もが誰かにとってのフリーク。この言葉は秀逸です。ほんとうにその通りだと思います。

そして彼が屈託なく「フリーク」を口にできるまでに、どんな体験をしてきたのだろうと想像して、それから思うのです。あの明るく愉快で、ときおりちらりと見えるシャイな横顔、彼があんなに魅力的なのは、自分だけではなく、自分と違う人たちも「フリーク」で愛しい存在なのだ、という信条があるからに違いないと。

✦

彼女が丈夫な殻を身にまとうのは、傷つきやすい内面を守るためなんだ」、ここには彼の優しいまなざしがあります。

二〇二〇年一月に引退を表明、五〇年のキャリアにピリオドを打ちました。

出典

映画
『ジャンポール・ゴルチエのファッション狂騒劇』
2018
『マドンナの言葉』
2019

美しさはひとつではない。
体型や人種、ジェンダー、
さまざまな種類の美しさがある。
僕が伝えたいのは、違うということ。
それまでに見たことのない美を認めるということ。

ジャン=ポール・ゴルチエ
Jean-Paul Gaultier

ファッション No. 8/17

「装う喜び」を自ら手放さないでほしい

いったいファッションは
どこへ行ってしまったのか、
僕たちの世界がなくしたものとは
何だろうか。
考えて気づいた。
失われたのは
ファッションそのものではなく、
装う「喜び」だとね。
それをぜひとも
取り戻したいと思ったんだよ。

アルベール・エルバス

✦

ファッションデザイナー

「ランバン」を蘇らせたことで知られるモロッコ出身のアルベール・エルバスの嘆きと決意の言葉です。

アルゼンチンのブエノスアイレス、華やかなタンゴバー。彼は年齢を重ねた女性たちが自由に、そして美しく着飾っているようすに魅せられています。そこに一人の若い女性が入ってきました。彼女はTシャツにジーンズという姿。その「光景」に、彼は愕然とし、嘆き、自問します。

いったいファッションはどこへ行ってしまったのか、僕たちの世界がなくしたものとは何だろうか……。

そして気づくのです。失われたのはファッ

✦

アルベール・エルバス
Alber Elbaz

ファッションデザイナー
1961-2021

チャーミングな巨体と蝶ネクタイがトレードマークのデザイナーの哲学は「愛で女性をつつみこむ」。

いつも笑顔であたたかく、愛された人でした。

エルバス自身の新ブランド「A

ションそのものではなく、装う「喜び」なのだと。だとしたら、それを自分の手で取り戻そうと彼は決意するわけです。

装う喜び。
出かける場所によって服を選ぶということ。

特別な会にはおしゃれをして、そのおしゃれをしているという一連の時間の流れのなかに喜びがあり華やかな気分がもたらされるということ。それが艶やかな人生に欠かせないものである。

そんなことをアルベール・エルバスの言葉は思い起こさせてくれます。

✦

Zファクトリー」のファーストコレクションを発表したばかりの2021年春、59歳という若さで病気のため亡くなったと知ったときには、これはまさに惜しまれる死なのだとつよく感じました。

出典

『ハーパーズ バザー日本版』
2010.3

ファッション No. 9/17

着心地が良いとはイメージ通りの服を着ること

着心地の良さって、
自分が心に描いた
イメージ通りの服を着ること。
自分がどう見られたいか、
自分は何者でどんな人間なのか。
自分の姿を想像するのよ。

ヴィヴィアン・ウエストウッド

✦

ファッションデザイナー

イギリスが誇るデザイナー、ヴィヴィアン・ウエストウッド。彼女は「ファッションにはなりたい自分に近づくための力がある」とファッションを通して自己主張をすることを強くうったえ続けた人でした。

紹介した言葉には「着心地が良い」とはどういうことかについて彼女らしい意見が語られているわけですが、この一節の前には「型抜きみたいにして大量生産されただぶだぶの既製服を着るなんてわたしには耐えられない」という一文があります。着心地が良い服とはゆったりとした服ではない、と言っているわけです。

服はそのひとの動きを制約したり自由を与えたりします。動きが制約されることもふくめ

✦

ヴィヴィアン・ウエストウッド
Vivienne Westwood

ファッションデザイナー
1941-2022

「パンクの女王」、ヴィヴィアン・ウエストウッドが七十三歳のときに出版された自伝には、彼女がいかに人生に果敢に挑んできたのかが鮮やかに描かれていて圧倒されます。シャネルやイヴ・サンローランと同列でそ

て、それが姿勢や立ち居振る舞いにも影響してきます。
そのまま自由自在にストレッチができるほどゆったりとした服を着た自分が好き、それが自分自身を表現している、というのならそれもよいのでしょう。
けれど、そうではないとき、いま自分はどんなふうに見られたいのか、どんな人でありたいのか、といったことを考えて、現時点での最良の服を選ぶ。そして自分はイメージに近いファッションをしているのだろうか、と自己チェックするとき、着心地が良いか否か、これがひとつの指針になると思うのです。

✦

の名が語られるほどの功績がありますが、ほかのデザイナーと彼女を区別するのは「ファッションで社会的メッセージを伝える」ということ。彼女はファッションを通して政治問題、社会問題に対する主義主張を伝え続けた人でした。

出典
『ヴィヴィアン・ウエストウッド自伝』
2016
ヴィヴィアン・ウエストウッド、
イアン・ケリー：著
桜井真砂美：訳
DU BOOKS

女性は本質的に、
どこを見せてどこを隠すかを選択する。
ファッションのエロスは、どこをどう守り
どこで攻めるかを考えることだと思う。
ヴィヴィアン・ウエストウッド
Vivienne Westwood

ファッション No. 10/17

「ナチュラル」が許されるのはごく少数の人

いつだって自分自身を
ベストの状態にしなければ。
ナチュラルでいられる人なんて
いないの。
ありのままでも素晴らしい、
少数の人たちを除いてね。

ソニア・リキエル

✦

ファッションデザイナー

ソニア・リキエルのちょっときつい言葉です。一九六〇年代に、それまでは普段着としてしか認識されていなかったニットをファッショナブルに昇華させたことから「ニットの女王」と呼ばれる彼女はフランスが誇るファッションデザイナーのひとり。台形型に広がった赤毛がトレードマークです。

ソニアはいわゆる「ナチュラル・ルック」を嫌っています。

自分の服やヘアメイクについて「とくになんにもしていないの」「ナチュラルが好き」と言う人たちが嫌いで、そんな人たちに向かって「あなたは、自分のことをありのままでも素晴らしいごく少数の人間のうちのひとりだと思ってい

✦

ソニア・リキエル
Sonia Rykiel

ファッションデザイナー
1930-2016

ソニアが少女時代について語った言葉があります。

「生まれた時、髪が真っ赤でとても醜かったの。母は私にこう言ったわ。『やりたいと思うことはなんでもできる。でもそのためには、おりこうさんになら

るわけ?」と挑発しているのです。

「ナチュラル」とは、辞書的には「自然」「手を加えていない」ようすを言います。

ソニアは自分をベストの状態にしなさい、と言っているので、たいへんなエネルギーを使って、「ナチュラル」っぽく自分を作り上げているのなら、そういう人たちはソニアから見れば合格ということになるのでしょう。

けれど、そうではなくて、美しくありたいと願いながらも、何もしないのがいいのだと、ほんとにナチュラルでいる人に、辛口ソニアはちくりと針を刺しているのです。

✦

なくちゃだめよ』……私はかわいくなかったから、素晴らしい人間になる必要があったの。それからはそれを私の強みにしたわ」

きれいでなかったことが、強くて知的な自分を作ったという、心揺れるエピソードです。

出典
『ヴィジョナリーズ　ファッション・デザイナーたちの哲学』
スザンナ・フランケル:著
浅倉協子、谷川直子、長岡久美子、春宮真理子:訳
ブルース・インターアクションズ
2005

ファッション No. 11/17

自分らしい着こなしを見つけることは自分へのセラピー

どんなときも自分らしい服を
身につけなければなりません。
たとえそれが難しくても、です。
自分らしい着こなしを
発見するまでの過程は
セラピーに似ています。
内面と深く関わる行為なので。

ミウッチャ・プラダ

✦

ファッションデザイナー

「プラダ」と「ミュウミュウ」を率いるデザイナー、ミウッチャ・プラダ。彼女はインタビュー嫌いで知られていて、だから彼女の言葉は多くあふれているわけではありません。それでもどの発言にも彼女の知性と反骨精神があらわれていて、背筋が伸びます。

「自分らしい着こなしを発見するまでの過程は、セラピー」という言葉もそのひとつ。

「自分らしい」とはどういうことか。

あれやこれやいくつもの定義が挙げられますが、わかりやすく「他者からの視線よりも、自分の好ましい気分を優先させていること」としてみます。

世間的な価値観や他人の服装に対してあれこ

✦

ミウッチャ・プラダ
Miuccia Prada

ファッションデザイナー
1949-

祖父が創業したミラノの高級皮革製造会社「プラダ」を現在の「プラダ」にしたのがミウッチャです。

「ミュウミュウ」とは幼少期のミウッチャの愛称。服と若い女性向けのイベントなどを通して

れ言う人の言葉には耳を傾けないこと。そして自分は何が好きでどんな生き方をしたいのかを、とことん自分に問いかけること。自分自身の「内面と深く関わる」のです。その際「自分はこんな人」という「自分自身に対する先入観」を取り払う必要もあるとミウッチャ・プラダは言っています。

セラピーの結果、選んだ服はどんな服なのか、想像すれば自分に対する興味が湧き起こってきます。

服を手がかりに行う自分へのセラピー、一度じっくり取り組んでみると思いがけない発見があるかもしれません。

✦

「知性」と「女らしさ」、ふたつの武器を手にしましょう、と声をかけています。そのためにたいせつなことは何か。彼女は言っています。読書や映画鑑賞で知識を蓄えて「自分の声」をもつことなのだと。

出典

『プラダ　選ばれる理由』
ジャン・ルイージ・
パラッキーニ：著
久保耕司：訳
実業之日本社
2015

私が興味あるのは、いかに女性らしさを力強さに変えるか。
なぜ、女性は会議にセクシーな格好をして出席してはいけないの？
賢く、知識があって、自分の考えに自信があるなら、
極端な話、裸のような格好で出席したっていいはず。

ミウッチャ・プラダ
Miuccia Prada

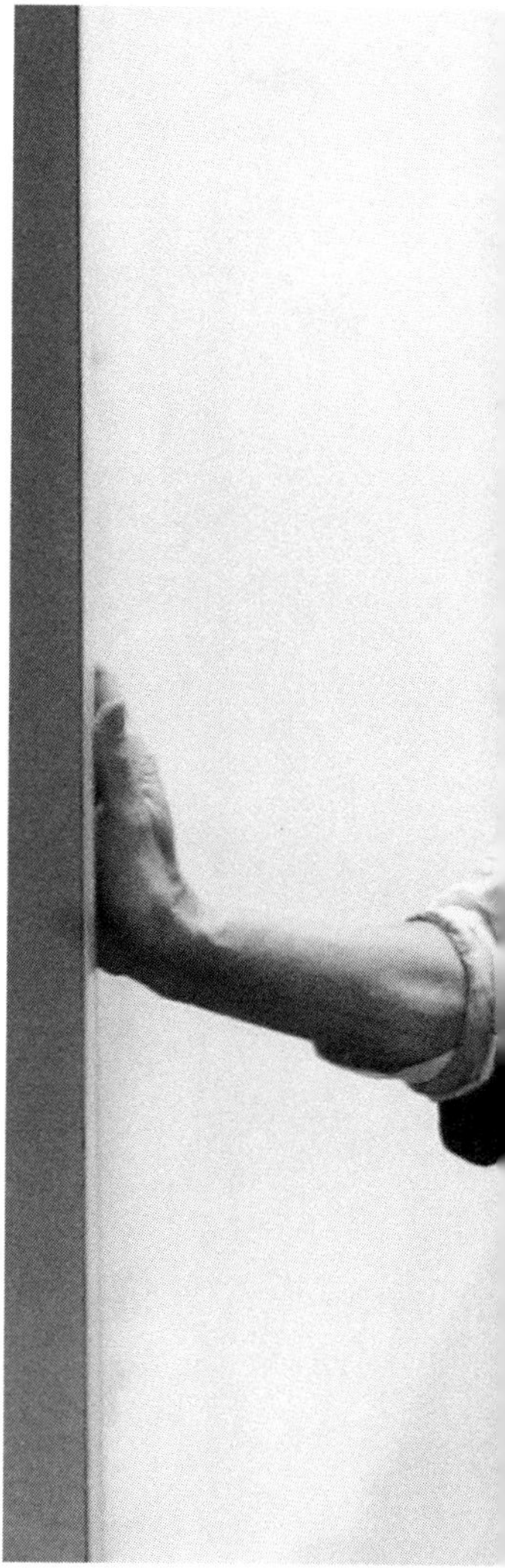

ファッション No. 12/17

才能と違ってセンスは自分で磨ける

ファッションのセンスがある人は、
当然ファッションに強い興味を持ち、
つねに学んでいます。
才能とは英語でギフト、
贈り物という意味があるように
「神がその人に与えた贈り物」です。
しかし、センスは
神からの贈り物ではありません。
だからこそ、自分自身で磨けるのです。

桂由美

✦

ウエディングドレスデザイナー

日本のブライダルファッションのパイオニア、桂由美の「センス」についての言葉は、彼女の著書『世界基準の女になる！　恋するように仕事をする』にあります。

「才能」は生まれつきあるかないか、「センス」は努力次第。これはほかのひとたちも言っている目新しい言葉ではないけれど「才能がなくても何かを成すことはできます」この一文から始まる、センスを磨くとはどういうことか、ということを自分自身の経験から語ったエッセイは、明るい勢いがあって、あらためて「センス」について考えたくなります。

　もとは「sense」という英語で、名詞としては感覚、理解、意識といった意味をもち、動詞と

桂由美
Yumi Katsura

ウエディングドレスデザイナー
1930-2024

『世界基準の女になる！』は七十代後半の彼女が若い女性たちを応援するために書いた本です。座右の銘のように紹介されていた言葉が印象に残りました。

「明日という日がある Tomorrow

is another day」（『風と共に去りぬ』のスカーレット）、「この道より我を生かす道なし。我この道を歩く」（武者小路実篤）

　また桂由美を追悼し、その半生を描いたドラマ『はれのひ シンデレラ』も製作されています。

✦

しては感じる、察知するといった意味をもちます。

　となるとセンスもまた、生まれもったものも無視できないけれど、たしかに意識のもち方で変わってくるようです。ファッションでいえば、たとえばある人が短期間で驚くほどに着こなしが素敵になって驚くことがありますから。

才能は自分ではどうしようもなくても、センスなら努力しだいでどうにかなる。そう考えると明るい気分になります。

　そして前出のビル・カニンガムやアイリス・アプフェルの言葉にも通じるところがあると思うのです。

出典

『世界基準の女になる！
恋するように仕事をする』
桂 由美：著
PHP研究所
2009

ファッション No. 13/17

最高の笑顔でいられる服が自己表現できている服

要するに、
自己表現できるファッションとは、
自分がそれを着たとき、
最高の笑顔でいられる服、
「よし、ＯＫ！」
と自信をもって輝いていられる
ファッションのことなのだ。
基準はあくまでも自分。
他人ではない。

山本寛斎

✦

ファッションデザイナー

「寛斎の熱血語10カ条」という副題がついた『熱き心』は、どこまでもポジティブに生きる姿勢が火傷するくらいに熱い一冊です。

紹介した言葉は「外見こそが最も重要な自己表現だ！」がテーマの章、「どうしたらファッションで自己表現ができるのだろうか」という問いかけで始まるトピックにあるのですが、次の一節は身に覚えがありすぎて口もとがゆるんでしまいます。

——こんなことはないだろうか？　朝出かける時は「これで完璧」と思ってコーディネイトしてきた服が、外の日差しを浴びたら靴の色が何かおかしい、ストッキングの色が微妙に合わない……などということがある。人から見れば

✦

山本寛斎
Kansai Yamamoto

ファッションデザイナー
1944-2020

「寛斎の熱血語10カ条」、次の二つをノートにメモしました。〈極意8＝戦いの前に、「勝つべき理由」を明確にせよ！〉〈極意10＝見たことのない「美」をとことん追求しよう〉

『熱き心』には、彼が三十歳の

たいして変わり映えしなくても、自分で自分にOKを出せなければ一日中憂鬱である。――

ほんとうにその通り、とうなずきつつも、ここにあるたいせつなことを胸に刻みたい。

「ファッションで自己表現」なんて考えると、なにか奇抜な服を着なければ、あるいは、普通じゃだめなんだ、特別なことをしないと、などと思いがちだけれど、そうではないのです。

たいせつなのは、自分が自分にOKと言えるファッションをしているか否かということ。OKなの？ どうなの？ と自問する意識をもち続けること。

なにより「最高の笑顔」が鍵なのだと。

✦

ときの挫折経験、その後、徹底的に行った自己改革、努力のようすが詳細に語られていて、その熱量がものすごい。

彼の生き方に賛同するかしないか、といったこととは別のところで、熱く胸うたれる一冊です。

出典

『熱き心』
山本寛斎：著
PHP研究所
2008

ファッション No. 14/17

店を出る時点でフィットしていない靴は永遠にフィットしない

靴は、履いた瞬間から
快適でなければならない。
靴は、履き慣れるということは絶対にない。
世界中どこを探しても、
靴の堅さを打ち破るほどの強い足はない。
新しい靴は、
履いて十秒後も十週間たっても
十カ月しても快適であるべきものなのだ。
店を出る時点でフィットしていない靴は、
その後もフィットしない。
決して、金輪際フィットしない。

サルヴァトーレ・フェラガモ

✦

ファッションデザイナー

シューズデザイナーのマエストロによる本、『夢の靴職人　フェラガモ自伝』には数々の苦難や仕事の喜びが語られていますが、それ以上に、フィットしない靴がどれほど健康に害があるか、といったことがあふれるほどの熱意をもって語られています。

「指が曲がっていたり、関節の形が悪かったり、じん帯がゆるんでいたりして、見るだけでこちらが辛くなる、そんな足を手にしたときには、怒りと同情の念にかられる」

人体構造を学ぶところからはじめたこともあって、まるで医師のようでもあります。

紹介した一節の前には「あなたは新しい靴は履き慣らすものだと思っていませんか？」とい

✦

サルヴァトーレ・フェラガモ
Salvatore Ferragamo

ファッションデザイナー
1898-1960

その功績はフィットする靴を提案したことだけではありません。ハリウッド女優たちはこぞって彼に靴をオーダーしましたが、それは彼のつくる靴が彼女たちの魅力を何倍にも引き出したからです。

う問いかけがあり、次のようなことが語られています。

気に入った靴を見つける。店員さんも褒めてくれる。鏡に写してみたり、ちょっと歩き回ったりする。とても気に入って、ちょっときついところはあるけれど、新しい靴だから当然、数日すれば慣れてぴったりになる、とお金を払って店を出る……。

けれどそれは間違っています、ということで「靴は、履いた瞬間から快適でなければならない……」が続くのです。フィットしていない靴を履いている人の歩く姿は美しくないということもあり、いつも頭に入れておきたいと思う靴職人のアドバイスです。

✦

オードリー・ヘップバーンにはバレエ・シューズ風のデザインを、マリリン・モンローには十一センチのピンヒールを。また、背を高く見せたい女性のためにプラットフォームシューズ(いわゆる厚底の靴)を生み出しました。

出典
『夢の靴職人
フェラガモ自伝』
サルヴァトーレ・
フェラガモ:著
堀江瑠璃子:訳
文藝春秋
1996

ファッション No. 15／17

無造作なセーターに素敵なハンカチというセンス

金銀のアクセサリーで飾り立てた
女性よりも、
ちょっとしたところで
非凡なセンスをのぞかせている人のほうが
魅力的です。
たとえば、
無造作にセーターを着た人が、
素敵なハンカチをもっているような。

ヴァレンティノ・ガラヴァーニ

✦

ファッションデザイナー

半世紀もの長き間、ファッション界の第一線に君臨し、世界でもっとも贅沢な女性たちを、エレガントに装ってきたヴァレンティノの言葉です。

多くの女優、セレブリティが「昼間は他の人の服でも、夜のドレスはヴァレンティノ」と言っていて、ヴァレンティノにはゴージャスなドレスのイメージがあります。その彼が「非凡なセンス」の例として「無造作なセーターに素敵なハンカチ」を挙げている。意外で不意をつかれて、それからなんて素敵なイメージなのだろう、と感嘆してしまいます。

ヴァレンティノの言うハンカチは、実用だけではなくアクセサリーとなります。

✦

ヴァレンティノ・ガラヴァーニ
Valentino Garavani

ファッションデザイナー
1932-

至上もっとも有名なファーストレディとして知られるジャクリーン・ケネディも顧客のひとりでした。

ケネディ暗殺後、大富豪アリストテレス・オナシスと再婚したときのドレスはヴァレンティ

アクセサリーと意識してハンカチを選ぶと、いままでとは違った喜びがあることに気づきます。

数千円で品質の良いワンピースは買えないけれど、ハンカチなら良いものが買えるので贅沢な気分も味わえます。

とはいえ、ゴージャスなワンピースにゴージャスなハンカチでは、非凡なセンスがある、とはならないのでしょう。ヴァレンティノはここで組み合わせの美を言っているのではないかと思うのです。

何を着るかだけではなく、何を組み合わせるか。そこに個性がつよくあらわれるのだと、その人の美しさがあらわれるのだと、言っているように思います。

✦

ノ。アイボリーレースのツーピースで、当時としては画期的なショート丈でした。彼女はファッションアイコンでもあったので、このドレスは大きな話題となり、同じドレスが欲しい、という注文が殺到。伝説のウエディングドレスのひとつとされています。

出典

『世界のスターデザイナー43』
堀江瑠璃子：著
未來社
2005

ファッション No. 16/17

ファッションは不安を取り除くものでなければ

私は昔からかたく信じていました。
ファッションは
女性を美しく見せるためだけではなく、
女性の不安を取り除き、
自信と自分を主張する強さを
与えるものです。

イヴ・サンローラン

✦

ファッションデザイナー

ドキュメンタリー映画『イヴ・サンローラン』の冒頭、引退声明の一節です。緊張気味に、それでもくっきりと、トップデザイナーとして美を創造し続けてきた苦悩と誇りを、六十五歳のイヴ・サンローランが読み上げていて、その切実なようすに胸うたれます。

二〇〇二年の言葉です。現在では「女性」と限定している部分に違和感を覚える人もいるかもしれません。けれど、サンローランがデビューし、活躍した時代はいまよりも女性の権利や地位が低かった時代なのです。

公私にわたるパートナー、ピエール・ベルジェは言います。「シャネルは女性に自由を与え、サンローランは女性に力を与えた」と。

✦

イヴ・サンローラン
Yves Saint-Laurent

ファッションデザイナー
1936-2008

引退声明では「人は生きるため、とらえがたい美を必要とします。私はそれを追い求め、とらえようと苦しみ、苦悩にさいなまれ地獄をさまよいました」という表現で、創造を続けることの苦しみが語られています。

声明のなかでも、パンタロンスーツやル・スモーキング、ショート・トレンチコートなどを発表したこと、世界中の人がそれらを身につけていることを挙げ、「現代女性のワードローブを創造し、時代を変革する流れに参加した」ことを誇りに思う、と言っています。

紹介した一節には目新しい、驚くようなことはありません。ほかのデザイナーたちも言っていることだからです。けれど、熟考したであろう引退声明で、あらためて彼が信じるファッションのあり方を述べている、ここに注目すると、ほかのデザイナーも言っていることだからこそ、普遍的なものがあるのではないかと思うのです。

✦

そしてその結果、神経症に苦しんで施設に入ったこともあるし、薬に頼ったこともあると言っています。

ドラマティックな人生です。

二〇一四年に『イヴ・サンローラン』『SAINT LAURENT／サンローラン』二本の伝記映画が製作されています。

出典

映画
『イヴ・サンローラン』
2010

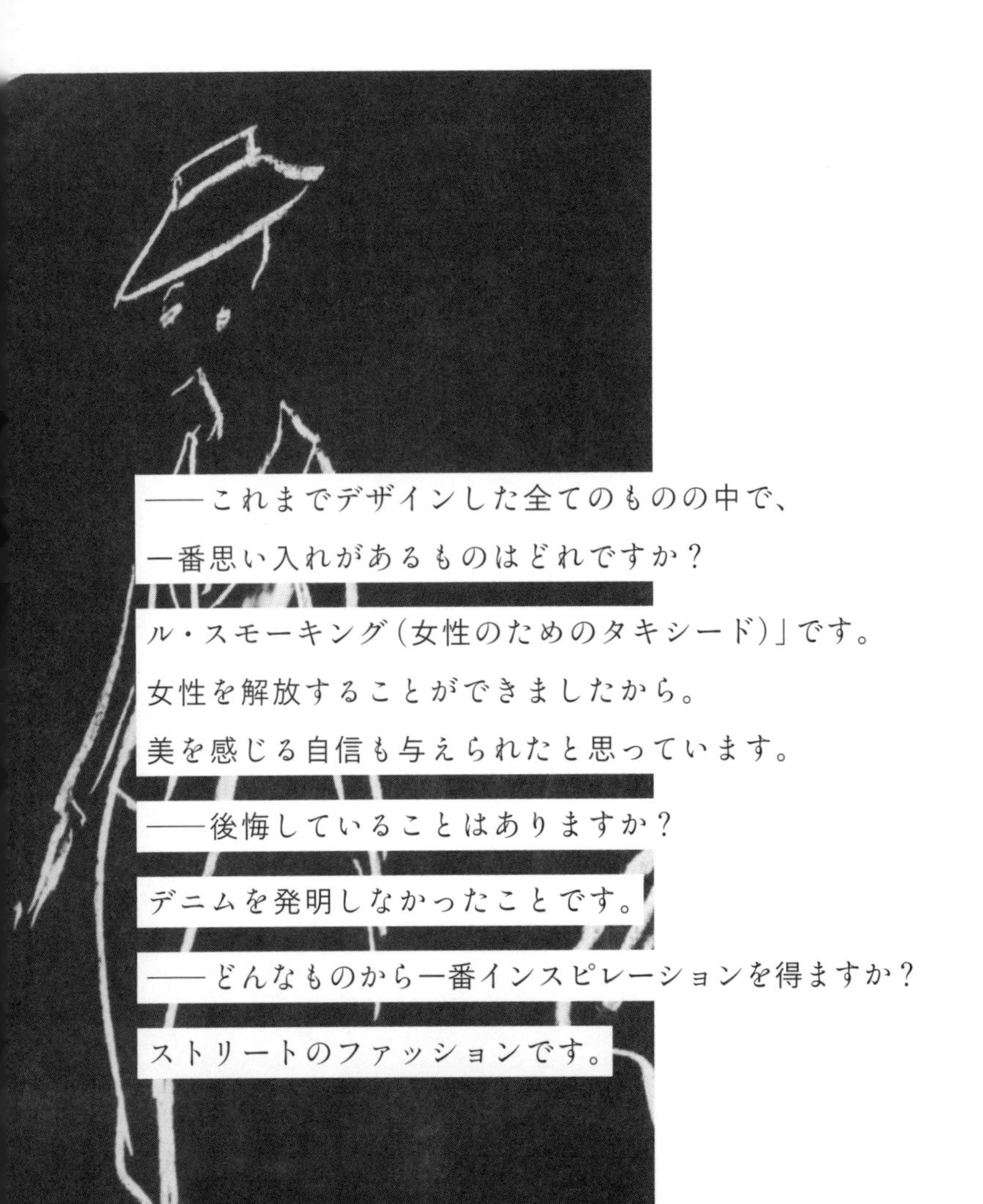

——これまでデザインした全てのものの中で、

一番思い入れがあるものはどれですか？

ル・スモーキング（女性のためのタキシード）」です。

女性を解放することができましたから。

美を感じる自信も与えられたと思っています。

——後悔していることはありますか？

デニムを発明しなかったことです。

——どんなものから一番インスピレーションを得ますか？

ストリートのファッションです。

イヴ・サンローラン

Yves Saint-Laurent

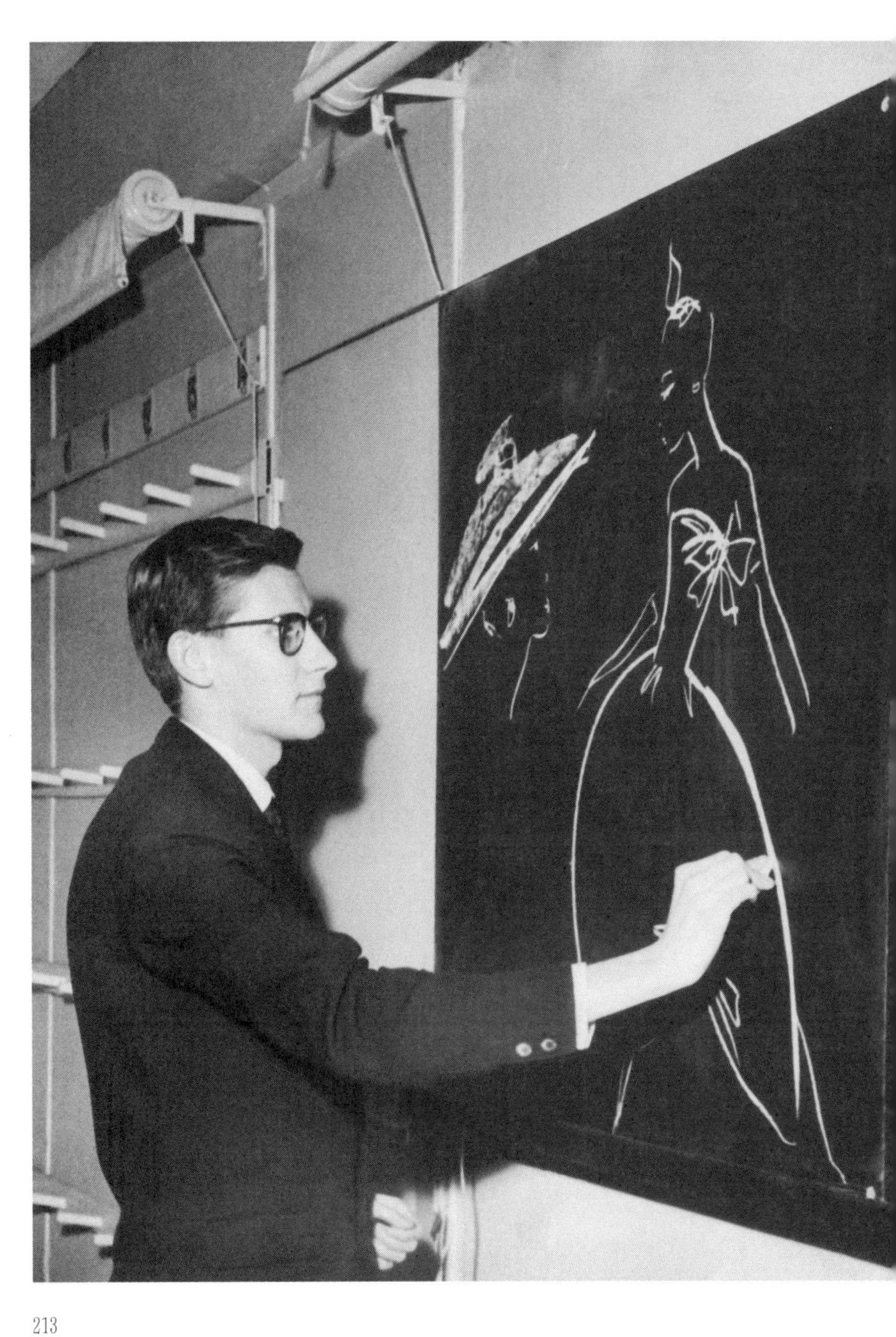

ファッション No. 17/17

美とは、はっと息をのむもの

美とは、はっと息をのむもの、
印象に残るもの。
そして魅力というのは、
自分自身の結果である。

セルジュ・ルタンス

✦

ファッションデザイナー、アーティスト

「フランスの知性、哲人」と称されるアーティスト、セルジュ・ルタンスの言葉です。

彼のインタビューは、わかりやすいものは少なくて、けれど、考えて考えてふかく見つめてみれば、そこにきらきらと煌めく宝石があるような、そんなかんじなのが多いので、出合うと書きとめてしまいます。

美とは、はっと息をのむもの。この言葉は、難しくはなく、ほんとうにその通りだと思います。はっと息をのむなんてことが日々、どのくらいあるでしょう。美はありふれていなくて、稀少だからこそ価値があるのだと思います。

魅力というのは、自分自身の結果。これはどういうことなのか。「結果」とは、「なんらかの

✦

セルジュ・ルタンス
Serge Lutens

ファッションデザイナー、
アーティスト
1942-

クリスチャン・ディオールでメイクアップラインの開発を行い、一九八〇年から二十年間、資生堂のイメージクリエーターを務めたのち、自身の名を冠した香水のブランドを立ち上げました。

行為がもたらす結末」という意味、植物が実を結ぶという意味もあります。

そのひとの魅力は、そのひとが何を見て何を考えて何をして……ということが、植物が実を結ぶように現れたもの。そう考えると納得です。

魅力のあるひとになりたい、と思わないひとは稀でしょう。そして魅力のあるひとになりたいと思ったとき、手っ取り早く「魅力のあるひとになるために」的な本を読んでもだめなのでしょう。植物が実を結ぶには時間がかかるように「魅力」はすぐには結実しない。だからこそ、たやすくないからこそ、憧れ続ける価値があるのでしょう。

✦

写真、メイクアップ、映像、そして香水、とマルチの才能をもつひとです。

「狂気に近い完璧な世界こそ、私の美の世界」という彼の言葉がありますが、たとえば資生堂での仕事を動画サイトで観ると、あまりにも美しい彼の世界に圧倒されます。

出典

『ハーパーズ バザー日本版』
2009.11
『セルジュ・ルタンス…
夢幻の旅の記録』
資生堂：編　2005

おわりに

木枯らしが頬に冷たい季節になりました。昨年の秋に買ったロングコートがぴったりの季節。お気に入りのコートが一着あるだけで出かけるのが楽しみになるのですから服の力は侮れません。

季節がいくつかめぐって、ようやく一冊の本を仕上げることができそうです。

いつかファッションを切り口にしたものを書いてみたいと思っていました。

私は絵画にしても音楽にしても、作品を創造した「人」に興味があって、その人の生き方について知りたい欲望を満たす、といったことをライフワークのひとつにしています。

なので、ファッションについても、その服を、そのブランドを、創ったのは誰でどんな人なのだろう、というところに興味があり、私なりに本を読んだり映画を観たりしてきました。

また、「美」を執筆テーマのひとつとしているので、その人の美意識がわかりやすく現れるところのファッション、という意味でもつよい興味があるのです。

本書はファッションデザイナーを中心に言葉を集めましたが、ファッションデザイナーもさまざまで、自分のことを芸術家だと自負している人もいれば、単なる職人にすぎない、と言い切る人もいます。

さまざまではあるけれど、それでも、どんなに過酷な環境でも、自ら創り出し、それを発信するということに人生をかけている人の姿には、ひとしく惹かれるし、愛しさもあります。

本書を読んで、なぜあのデザイナーが入っていないんだ、という想いをいだく人もいるかもしれません。有名であっても、そのときどきの私に刺さる言葉がたまなかった、ということで扱っていない人もたくさんいます。あくまでも「言葉」。あれもこれも書きたくなるけれど、とにかく言葉から離れないことを自分に課しました。

本書の担当編集者は「読むことで美しくなる言葉」シリーズをずっと一緒に作ってきている藤沢陽子（ふじさわようこ）さん。最終段階、いつも打ち合わせをするカフェで、本書をどんな人に届けたいかといったことを熱く語っていたときのあの空気感はとても心地がよかった。ありがとうございます。

親友の平林力（ひらばやしりき）さんには資料の収集、海外サイトの翻訳と執筆中の精神的励ましにご尽力いただきました。季節が二回変わった長い月日でした。ありがとうございます。

最後に二〇二四年の春に退任を発表したファッションデザイナー、ドリス・ヴァン・ノッテンの言葉をご紹介して終わります。

ドキュメンタリー映画『ドリス・ヴァン・ノッテン　ファブリックと花を愛する男』で彼が語っていた言葉なのですが、「服作り」を「創作」におきかえて、たいせつにしています。

――人を魅了する創作の魔法なんてない。こうすれば誰もが夢中になる、そんなものはありえない。魅力的だと人が反応するのは作品にこめられた誠意と情熱。つまり作り手の心だ。

二〇二四年十二月十四日　タンゴとトルコ色に彩られた部屋で　山口路子

山口路子（やまぐち・みちこ）

1966年5月2日生まれ。作家。核となるテーマは「ミューズ」「言葉との出逢い」、そして「絵画との個人的な関係」。おもな著書に『美神（ミューズ）の恋～画家に愛されたモデルたち』『美男子美術館』『軽井沢夫人』『女神（ミューズ）』など。また、『シャネル哲学　ココ・シャネルという生き方 再生版』『彼女たちの20代』『私を救った言葉たち』（ブルーモーメント）など。読むことで美しくなるシリーズは『オードリー・ヘップバーンの言葉』『マリリン・モンローの言葉』『ココ・シャネルの言葉』『ジェーン・バーキンの言葉』『マドンナの言葉』『カトリーヌ・ドヌーヴの言葉』『サガンの言葉』『ピカソの言葉』（全てだいわ文庫）など、多くの女性の共感を呼び累計50万部を超えた。『大人の美学』（大和書房）や新シリーズ『逃避の名言集』（だいわ文庫）も版を重ねている。

山口路子公式サイト http://michikosalon.com/

Special Thanks　平林　力

センスを磨く　刺激的で美しい言葉

2025年2月5日　第一刷発行

著　者　山口路子
発行者　佐藤靖
発行所　大和書房
東京都文京区関口1-33-4
電話03（3203）4511

ISBN 978-4-479-78617-7
乱丁本、落丁本はお取り替えいたします。
http://www.daiwashobo.co.jp

デザイン　モドロカ
写真　AFLO
編集　藤沢陽子（大和書房）
DTP　マーリンクレイン
本文印刷　信毎書籍印刷
カバー印刷　歩プロセス
製本　ナショナル製本